国外包装专业经典教材

PROTECTIVE PACKAGING for DISTRIBUTION
DESIGN AND DEVELOPMENT
运输包装

[美] 丹尼尔·古德温　著
丹尼斯·杨

主译　陈满儒
副主译　赵郁聪
翻译人员（按姓氏笔画排序）：
孙德强　巩桂芬　李国志
陈满儒　赵郁聪

中国轻工业出版社

图书在版编目（CIP）数据

运输包装/（美）丹尼尔·古德温（Daniel Goodwin），（美）丹尼斯·杨（Dennis Young）著；陈满儒主译. —北京：中国轻工业出版社，2020.12

ISBN 978-7-5184-2695-9

Ⅰ.①运… Ⅱ.①丹…②丹…③陈… Ⅲ.①运输包装-包装设计 Ⅳ.①TB485.3

中国版本图书馆CIP数据核字（2019）第222572号

版权声明

Protective Packaging for Distribution：Design and Development
Daniel Goodwin & Dennis Young
ISBN：978-1-60595-001-3
Copyright © 2011 by DEStech Publications, Inc.
All Rights Reserved
Translation rights arrangedwith the permission of the Proprietor.

责任编辑：杜宇芳　　责任终审：劳国强　　整体设计：锋尚设计
策划编辑：杜宇芳　　责任校对：方　敏　　责任监印：张　可

出版发行：中国轻工业出版社（北京东长安街6号，邮编：100740）
印　　刷：北京君升印刷有限公司
经　　销：各地新华书店
版　　次：2020年12月第1版第1次印刷
开　　本：710×1000　1/16　印张：11.25
字　　数：300千字
书　　号：ISBN 978-7-5184-2695-9　定价：88.00元
邮购电话：010-65241695
发行电话：010-85119835　传真：85113293
网　　址：http://www.chlip.com.cn
Email：club@chlip.com.cn
如发现图书残缺请与我社邮购联系调换
190671J1X101ZYW

译者序

Daniel Goodwin 教授与主译合影

面向产品物流及防护,从根本上减少因包装不善而造成的流通环境中物理性破损,一直是保护性运输包装设计与研发的首要任务,其对应课程最能体现包装工程学科专业内涵及其特色的核心课程。从 20 世纪 80 年代起步的我国包装工程专业高等教育经过几十年的发展,在教材和课程建设上已经取得了令人瞩目的成绩,有力促进了包装工程专业人才培养水平的稳步提升。适逢本科一流专业、一流课程的建设机遇,满足新时代、新工科精神的新教材建设要求,我们引入国外先进的包装理论与技术知识。这正是我们翻译并出版该书的目的。

我们知道,全球包装工程专业的高等教育起源于美国密歇根州立大学(MSU);美国的罗彻斯特理工大学(RIT)的包装专业办学历史较长,办学水平位居世界前列。原版教材《Protective Packaging for Distribution: Design and Development》编著者之一 Daniel Goodwin 正是 RIT 包装科学系教授。他长期致力于保护性运输包装系统的设计与研发。主译本人在美国进修期间,在 MSU 开会时曾有幸认识 Daniel Goodwin 教授,之后多年来我们之间一直保持着联系和交流。原书著者非常愿意我们将本教材翻译成中文,供国内同行分享。所以,衷心感谢他们。

本原版教材由 21 章组成。教材不仅是著者本人在运输包装设计领域的教学总结,也展示了美国的包装工程团队这方面的科研动向。内容既有缓冲包装动力学的经典内容,又有保护性运输包装系统新的设计与研发过程。教材更加注重与产品流通危害的实验室测试及量化研究;更加注重冲击和振动主要危害中冲击响应谱(SRS)和随机振动功率谱密度(PSD)的理论和测试知识;更加注重实验室试验中 ASTM 等相关标准的合理应用。教材也包括了相当数量的参考文献。为了读者方便找寻原参考文献,题目翻译的同时仍保留了原文题目和出处。本翻译教材也附加了 Packaging Technology and Science 杂志主编 David Shires 博士的书评。本翻译教材可作为包装工程专业本科生和研究生的主要参考教材，也非常适合从事物流运输包装专业技术人员的学习用书。

　　本教材的翻译人员均为陕西科技大学包装工程系专业教师，他们都有良好的专业知识背景和专业英语的阅读理解和应用水平，但由于跨文化交际和笔译能力有限，翻译难免会出现表达不确切、疏漏甚至错误等，恳请读者提出宝贵意见。在这里，还要感谢安徽农业大学包装系副教授舒祖菊博士，她在 MSU 研修期间给我们提供了相关原文信息；也要感谢我们的学生何雯、郭冯琳和王维凯等，他们为本书图表的处理、结合本校运输包装实验室相关设备仪器的测试规程等方面做了许多富有成效的工作。另外，也要感谢国家自然基金项目"二维多孔材料共异面动态缓冲性能的评价和冲击响应预测（51575327）"对本书的资助，该项目的部分研究也是基于本书的理论和方法进行的。

译者
2019 年 8 月于陕西科技大学

书评

Daniel Goodwin 和 Dennis Young 编著的《运输包装》由美国宾夕法尼亚州来卡斯特的 DEStech Publications Inc 2011 年正式出版。书号是 ISBN 978-1-60595-001-3，共 232 页。

首先，欢迎该书加入包装技术教科书行列，因为它填补了一个空白。更值得欢迎的是两位著名作者的智慧、经验和知识：Daniel Goodwin 是罗彻斯特理工大学（RIT）包装科学系教授，Dennis Young 为密歇根州立大学（MSU）包装学院专任教师。由该书的前言我们知道，他们俩合起来在包装领域几乎有 80 年的工作经历。

该书涉及为保护产品免受流通环境危害的包装设计的科学与原理，涉及科学基础、材料、产品脆值、设计方法和测试。

鉴于作者的背景，毫不奇怪，该书一开始只是作为课堂教案的汇总。然而，各章节都经过了精心准备和完善，使得书中在内容、结构及表现上与初稿已是大相径庭。该书主要适合于使用公制单位的国际受众，但有几个章节使用了英制单位并在有些方面注重了美国使用的单位。

在简短的引言一章之后，这本书通过一系列的专题来展开其内容：
- 第 2~5 章：理论背景。
- 第 6~11 章：流通危害和产品脆值。
- 第 12~16 章：包装设计。
- 第 17~21 章：测试。

该书提供了 8 页的参考文献（并非全部原文，但均有价值）。

前言表明，本书的目标是包装专业本科生和研究生。由于配有四章的动力学理论，显而易见，读者在学习时能"深入浅出"。

从第 6 章起，本书的撰写风格得到清晰展现。概念和方法通过清楚有效的描述呈现给读者。在不影响内容理解的基础上，修辞上尽可能简练，能用一个词表达清楚的地方不用两个词来表达。巧妙和丰富的细节使专题得到了详尽的展开及探索；提供了基于经历和说明性案例研究知识。针对每个专题，介绍了当前的实际现状和最新或先进的技术。冲击、振动、衬垫、包装设计和测试均经过了详尽的处理。所有关键专题都有文献参考（新旧参考文献有所不同）。

上面提到的知识在全书中显而易见。阅读这本书时,许多基于本人经验的想法和观点浮现于本人的脑海中——但我个人发现继续阅读时,有些在前面曾被提过,这当然是个别情况。

该书秉承了一种严谨的技术性方法,给本人留下的印象比前四章还要深刻。虽然希望使用本书提出的方法的人们要有良好的动力学方面的技能,但这本书对有兴趣了解更多保护性包装的设计和性能的读者来说均有裨益。这得益于本书对基本原理的清晰描述和通过上下文的简短场景设置章节。

同时,本书注重讨论了动力学方法的最新发展趋势和研究。这些虽不全面,但提供了足够的细节,使得读者对各专题有一个很好的感受,而且参考文献也为读者提供了进一步阅读的资源。

本书有几个局限性:

· 在第2~5章,有些公式是不经推导而提出的。这就使读者不得不直面去接受或通过提供的参考文献来研究。

· 少了几个专题或只简单作了介绍。例如,气候保护、压缩蠕变、数据记录和处理。缓冲材料部分里没有包含生物材料,以及集装部分里少了更新的物流解决方案。

· 书里有一些印刷和语法错误。虽然大多数都是小问题,但也有一些主要错误。公制或英制单位使用上也出现不一致问题。

总的来说,本书内容优秀、透彻、充满聪明才智。对于任何对包装动力学感兴趣的人来说,这会是一本令人愉悦的读物。当需要提醒或强化某个特定专题或方法时,不失为一本很好的、专业的"分享"参考读物。

本人把这本书看作是个人收藏中一本有价值的包装专业读本。本人也愿意把它推荐给对产品保护科学与技术感兴趣的所有读者。

Packaging Technology and Science 杂志主编

David Shires 博士

著者序

本书的两位作者从事包装教育和包装领域科研合起来几乎有八十年的经历。这些年来，更加全面的包装动力学教材很明显为学生和从业技术人员的教育提供了帮助。由于数学和物理相关内容适用于保护性包装研发领域，而且也能作为运输包装应用的补充技术信息源，本教材有必要提供数学和物理的基本知识。正是基于这些目的，作者曾踏上通往读者现在所持书籍的旅程。

这本教材一开始是作为课堂教案的汇编和关于专门的运输包装课堂讨论的口头汇报总结来呈现的。结合许多包装咨询课题收集的信息和实验室测试项目，书中的内容得到完善。动力学领域的研究产生了各种能进行保护性包装研发过程的综述及其指南的数据库。

读者会注意到，教材以牛顿物理学基本模型的讨论开始。在数学和力学模型方面先奠基础，使概念与有效的包装设计相关联，这一点十分重要。包装设计可被解释为测试和评价程序的应用，使包装专业技术人员根据经文献证明的研究来创建保护性系统，支撑设计工作的可靠性。同样重要的是，为学生和专业技术人员提供了关于材料、设计方案和数据应用技术等的信息资源。

本教材提供了与标准起草组织的在线链接，从而给予读者基本测试和评价程序指南。本书也列出了最近五十年来已经形成保护性包装研发基础的经典参考文献。书中包含有与基本的政府文件链接是为了建立更全面的参考信息源。

本科生及研究生可利用本书中提出的研发技术来解决实验室问题和制定研究课题。包装从业技术人员能从中发现各种资源的全面综述和开展自己的研发课题及设计。希望所有使用者都能通过我们的工作得到良好的服务。

目录

第 1 章　运输包装在企业中的作用 ……………………………………………… 1

第 2 章　动力学理论：基础篇 …………………………………………………… 3
 2.0　目的 ……………………………………………………………………… 3
 2.1　基本知识 ………………………………………………………………… 3
  2.1.1　位移 ……………………………………………………………… 4
  2.1.2　速度 ……………………………………………………………… 4
  2.1.3　加速度 …………………………………………………………… 4
 2.2　落体 ……………………………………………………………………… 5
  2.2.1　机械冲击 ………………………………………………………… 5
  2.2.2　速度变化量 ……………………………………………………… 5
  2.2.3　力 ………………………………………………………………… 7
 2.3　振动 ……………………………………………………………………… 8
  2.3.1　简谐运动 ………………………………………………………… 9
  2.3.2　运动方程 ………………………………………………………… 10
  2.3.3　最大幅值 ………………………………………………………… 11
  2.3.4　线性弹簧 ………………………………………………………… 12
  2.3.5　静变形 …………………………………………………………… 12
  2.3.6　固有频率 ………………………………………………………… 13
 2.4　习题 ……………………………………………………………………… 14

第 3 章　动力学理论：振动 ……………………………………………………… 15
 3.0　目的 ……………………………………………………………………… 15
 3.1　非受迫正弦振动 ………………………………………………………… 16
  3.1.1　阻尼系数 C ……………………………………………………… 16
  3.1.2　阻尼比 …………………………………………………………… 16
 3.2　受迫振动 ………………………………………………………………… 18
 3.3　放大因子 ………………………………………………………………… 20
 3.4　振动测试 ………………………………………………………………… 22
  3.4.1　重复冲击 ………………………………………………………… 22
  3.4.2　共振搜索与驻留 ………………………………………………… 23

3.5 随机振动 ··· 24
3.5.1 功率谱密度 ··· 24
3.5.2 PSD 曲线 ··· 27
3.6 研发随机振动曲线 ·· 28
3.6.1 加快测试和高能/低能谱 ·· 29
3.6.2 峰度（Kurtosis） ·· 32
3.6.3 非稳态事件 ··· 33
3.6.4 随机冲击 ··· 33
3.7 习题 ·· 34

第 4 章 冲击脆值 ·· 35
4.0 目的 ·· 35
4.1 冲击脉冲 ··· 35
4.2 跌落高度 ··· 36
4.3 冲击与回弹 ·· 38
4.3.1 回弹系数 ··· 38
4.3.2 速度变化量 ··· 38
4.4 破损边界曲线 ·· 39
4.4.1 步进速度部分 ·· 43
4.4.2 步进加速度部分 ··· 44
4.5 习题 ·· 47

第 5 章 动力学理论：高级篇 ··· 48
5.0 目的 ·· 48
5.1 冲击谱（SRS） ·· 48
5.1.1 SRS 图 ·· 49
5.1.2 SRS 运用 ·· 51
5.2 疲劳破损边界 ·· 52
5.2.1 降低临界加速度 ··· 52
5.2.2 跌落次数与材料性质 ··· 53
5.3 习题 ·· 54

第 6 章 保护性包装研发过程 ··· 55
6.0 目的 ·· 55
6.1 使用的数据类型 ·· 55
6.1.1 流通中的危害 ·· 55

  6.1.2 产品数据 ·········· 56
  6.1.3 包装材料数据 ·········· 56
 6.2 产品坚固性 ·········· 56
 6.3 包装设计 ·········· 56
 6.4 性能评估 ·········· 56
 6.5 反馈 ·········· 56

第7章 缓冲垫 ·········· 58
 7.0 目的 ·········· 58
 7.1 缓冲基础 ·········· 58
 7.2 缓冲材料 ·········· 59
  7.2.1 开孔泡沫 ·········· 61
  7.2.2 闭孔泡沫 ·········· 61
 7.3 缓冲曲线 ·········· 61
  7.3.1 缓冲衬垫 ·········· 61
  7.3.2 减振衬垫 ·········· 67
 7.4 衬垫设计 ·········· 69
 7.5 衬垫形状及放置 ·········· 71
 7.6 工程上的缓冲系统 ·········· 73
 7.7 习题 ·········· 73

第8章 物流环境中的危害 ·········· 74
 8.0 目的 ·········· 74
 8.1 冲击、跌落和撞击 ·········· 74
  8.1.1 冲击源 ·········· 74
  8.1.2 范围和强度 ·········· 74
 8.2 振动 ·········· 75
  8.2.1 振源 ·········· 75
  8.2.2 范围和强度 ·········· 75
 8.3 压缩载荷 ·········· 76
  8.3.1 受压源 ·········· 76
  8.3.2 范围和强度 ·········· 76
 8.4 气象条件 ·········· 76
  8.4.1 温度 ·········· 76
  8.4.2 湿度 ·········· 77
  8.4.3 气压 ·········· 77
  8.4.4 其他 ·········· 77

第9章 物流危害的测量 ………………………………………… 78
9.0 目的 …………………………………………………… 78
9.1 观察 …………………………………………………… 78
9.2 测量 …………………………………………………… 80
9.2.1 仪器 ……………………………………………… 80
9.2.2 方法 ……………………………………………… 81
9.3 数据分析 ……………………………………………… 82
9.3.1 冲击和跌落数据 ………………………………… 82
9.3.2 振动数据 ………………………………………… 83
9.3.3 气象数据 ………………………………………… 84
9.4 设计规范数据 ………………………………………… 84
9.5 测试规范数据 ………………………………………… 85

第10章 产品潜在破损 ……………………………………………… 86
10.0 目的 …………………………………………………… 86
10.1 产品研发及使用环境 ………………………………… 86
10.2 使用环境的特性 ……………………………………… 87
10.3 产品流通环境 ………………………………………… 87
10.4 非使用环境破损模式 ………………………………… 87

第11章 产品脆值的量化 …………………………………………… 90
11.0 目的 …………………………………………………… 90
11.1 冲击试验设备 ………………………………………… 90
11.2 脉冲编程 ……………………………………………… 91
11.3 确定破损边界步骤 …………………………………… 92
11.3.1 临界速度变化 …………………………………… 93
11.3.2 临界加速度 ……………………………………… 94
11.3.3 过渡结果 ………………………………………… 95
11.4 试样管理 ……………………………………………… 96
11.5 结果诠释 ……………………………………………… 96

第12章 流通产品设计 ……………………………………………… 98
12.0 目的 …………………………………………………… 98
12.1 产品坚固性与流通危害 ……………………………… 98
12.2 保护性包装成本 ……………………………………… 99
12.3 研发保护性包装系统的指导原则 …………………… 99
12.3.1 产品完整性 ……………………………………… 100

12.3.2	物理流通危害	100
12.3.3	包装材料性能	100

第13章 运输容器设计 ·········· 101

- 13.0 目的 ·········· 101
- 13.1 一级包装、二级包装、三级包装和单元化集装 ·········· 101
- 13.2 容器与环境关联 ·········· 101
- 13.3 瓦楞性能 ·········· 102
  - 13.3.1 材料性质 ·········· 102
  - 13.3.2 瓦楞纸板性能 ·········· 102
  - 13.3.3 容器性能 ·········· 103
- 13.4 影响因素 ·········· 103
- 13.5 纸箱抗压试验 ·········· 103
- 13.6 堆码性能 ·········· 105

第14章 内包装设计 ·········· 107

- 14.0 目的 ·········· 107
- 14.1 隔振和变形 ·········· 107
- 14.2 填充空隙 ·········· 107
- 14.3 挡块 ·········· 108
- 14.4 隔档、衬垫和衬里 ·········· 108
- 14.5 衬垫构型 ·········· 109
- 14.6 表面防护 ·········· 109
- 14.7 多件产品和套件 ·········· 109

第15章 单元化装载设计 ·········· 110

- 15.0 目的 ·········· 110
- 15.1 单元化装载的目的 ·········· 110
- 15.2 搬运方法 ·········· 110
  - 15.2.1 托盘与运输平台 ·········· 112
  - 15.2.2 无托盘搬运 ·········· 113
- 15.3 托盘式样和效率 ·········· 114
- 15.4 车辆装载效率 ·········· 115
- 15.5 装载稳固性和完整性 ·········· 115

第16章 行业选择考虑因素 ·········· 117

- 16.0 目的 ·········· 117

16.1 高价值易碎品 ·· 117
16.2 受管控行业 ··· 117
　　16.2.1 食品包装 ·· 118
　　16.2.2 保健品包装 ··· 118
　　16.2.3 危险物品包装 ·· 118
16.3 定制及小批量产品 ·· 119

第17章 包装性能测试 ·· 120
17.0 目的 ·· 120
17.1 运输/现场试验 ··· 120
17.2 工程/研发试验 ··· 121
17.3 一般性模拟 ··· 121
17.4 试验的基本设计 ··· 121
　　17.4.1 目的 ·· 122
　　17.4.2 方法 ·· 122
　　17.4.3 数据分析 ·· 122
　　17.4.4 结论 ·· 122
17.5 冲击与跌落测试 ··· 122
17.6 振动试验 ·· 123
17.7 压缩试验 ·· 123
17.8 气象环境处理 ·· 124

第18章 包装实验室 ·· 125
18.0 目的 ·· 125
18.1 设计包装实验室 ··· 125
　　18.1.1 空间 ·· 125
　　18.1.2 设施 ·· 126
　　18.1.3 布局 ·· 127
18.2 材料测试设备 ·· 127
18.3 包装测试设备 ·· 127
18.4 数据采集和建立文档 ··· 131

第19章 性能测试规程 ·· 133
19.0 目的 ·· 133
19.1 试验方法 ·· 133
19.2 试验标准 ·· 133
19.3 标准化组织 ··· 133

19.3.1　ASTM 国际标准化组织 …………………………………………… 133
　　　19.3.2　国际安全运输协会（ISTA）………………………………………… 134
　　　19.3.3　其他标准化组织和与运输相关的协会 …………………………… 134
　19.4　标准起草过程 ……………………………………………………………… 135

第20章　具体模拟 ……………………………………………………………………… 136
　20.0　目的 ………………………………………………………………………… 136
　20.1　联系危害和测试 …………………………………………………………… 136
　20.2　冲击与跌落 ………………………………………………………………… 138
　20.3　随机振动 …………………………………………………………………… 143
　20.4　压缩 ………………………………………………………………………… 145
　20.5　气象条件与危害 …………………………………………………………… 146
　20.6　测试次序 …………………………………………………………………… 146
　20.7　试验验证 …………………………………………………………………… 146

第21章　展望 …………………………………………………………………………… 148
　21.0　目的 ………………………………………………………………………… 148
　21.1　未来的测试 ………………………………………………………………… 148
　21.2　先进分析和建立文档 ……………………………………………………… 148
　21.3　虚拟测试 …………………………………………………………………… 149

附录 ……………………………………………………………………………………… 150

术语解释 ………………………………………………………………………………… 151

参考文献 ………………………………………………………………………………… 153

作者简介 ………………………………………………………………………………… 161

第1章
运输包装在企业中的作用

包装一直以来是一种赋能活动及过程，现在称之为一种技术。人们一开始以小群体自给自足的方式搬运货物，但是很快发现有必要将货物从制造地运送到使用地。货物搬移要经历运输、搬运和存储等流通环境。在许多情况下，运输货物不足以承受这些流通环境。为此，包装变成了一种帮助产品完好无损的到达目的地的临时中间步骤。

可以想象，随着保罗·里维尔（Paul Revere）殖民银器声誉及其生意的扩大，他发现客户超越了波士顿地区。此外，似乎极有可能的是，这些市场会在一个布满荆棘的道路上前行并终结——行程中可能出现颠簸，导致精细的抛光表面被划破。也许，里维尔先生求助当地的制桶师傅，购买适当大小的容器，毋庸置疑是用刨花作为内包装。显而易见，该保护性运输包装系统会使得他的生意更兴旺，也使得全大陆地区的客户满意。

包装通常是制造业和营销业务这些核心功能的一个重要的附属物。包装的作用像催化剂——不是特定产品必须交付的一部分。没有包装，面向预期市场的服务会很困难，常常是不可能的。

在一些行业，包装与产品本身相互纠缠在一起，以至于难以界定。无毒的医疗器械就是一个例子。如果没有一个完整的包装，产品就没有用途。让我们考虑一下从油漆到手工酿造啤酒的任何液体类产品。没有包装，从地理位置上来讲，制造者或工匠如何把产品投放于超越生产过程末端的市场。你可以将啤酒销售限于酿造厂，但若把全部油漆只在生产厂区销售，可能会造成问题。

当今的包装除了重要的有效服务外，也日益在增加着产品的特定价值。比如，可复用性、再封性、内容物可见性、计量分配、交流和警告信息等的特性为产品及包装的组合赋予了真正的价值。在运输包装中，从超级市场到精品零售商，我们到处都能看到既运输保护又零售展示的两用包装。整个直接面向消费者的分市场（D2C，或者企业面对消费者的B2C）非常依赖高性价比的保护性包装，因而包装不只起附加值的作用，而是起到使产品免受破损的作用。

保护性运输包装就是以某种方式完成的最终的柔性适配器。通过将有效的包装用于商业场合，制造商就能够改变制造、外包零部件和装配的场所，根据市场或季节调整标准订货量，把国内或国际市场加进目前的商业体系中，增加一次性消费包装或集团性包装，从鲜品变成冷冻品，然后从冷冻品再变回鲜品，从卡车转换到铁路再到航空的运输——或改变其中每一种运输方式的结构，支持新产品在多个市场投放。没有一个好的包装设计，上述这些策略没有一项能成功实现。

可持续包装联盟在一份论文中把可持续包装定义为：包括可再生能源、使用了再生和回收材料、清洁的生产实践、闭环循环中的再生与再利用、材料与能源的优化利用和安全有益的生命周期（可持续包装委员会，2009）。无论什么情景下的定义，可持续理念是当今包装研发领域中一个非常重要且活跃的研究与决策领域。可持续性给成功设计的评价增添了新的范式，它重点强调了需要考虑深远性及基于系统的效能以及性能上卓越。基于美元或欧元的成本及效能仍是非常重要的，但是，在研发项目中做决策时可面向特定的可持续性目标更宽泛地来评价。包装在某些情况下是一种废弃物的减量过程，像食品类产品，包装使得食品产品生产过程更有效。据报告，发展中国家的食品废弃物高达50%，而发达国家，如英国的这一数值低至3%（ACP 2008）。在减小系统成本的同时使流通中的损失最小化也很好的契合了该可持续性发展愿景。然而，单方面的减小包装成本而不考虑系统最佳解决方案是不合适的，如用破碎物堵塞填埋场绝不是有效的运输包装的可持续方案。

产品流通的保护性包装通常可以诠释为包装具有保护产品免遭周围流通环境危害的功能，这的确是最普通的关系。然而，除此之外，包装的决策特别是不要让周围环境受产品的影响。危险物料（危险货物）的包装注重安全性及保护性，以免出现泄漏。这些产品涉及从易燃液体到放射性材料。为此，包装是造成财产损失和人类伤害的第一道防线，应该为包装能给企业带来的价值设定一个高的标准。

随着市场和供货源扩展到复杂的全球市场，保护性运输包装的效能潜力在增强。面向全球运输的大部分产品流通时要用各种大小的ISO容器盛装。在这些固定的尺寸限制内，装的产品越多，流通成本越便宜。甚至，包装大小有一个小小的调整会促使供应链系统产生巨大的附加值。包装——赋能者——促进适应性和创新，使得新理念、市场、产品及加工变强并走向成功。正确的保护性运输包装使之成为现实。

第 2 章

动力学理论：基础篇

2.0 目的

本章将介绍动态运动的基本要素。为了解释落体的力学行为、冲击、速度变化、牛顿第二定律、简谐运动、受迫振动的输入/输出频率、阻尼的影响和线性质量-弹簧系统的假设，我们要定义速度和加速度以及如何实现它们。学生们应该熟悉基本方程并应用于落体、碰撞和振动系统。

2.1 基本知识

研发保护性包装系统的过程需要基本的物理学知识。本节课提出的数学模型及后续方程将通过代数方法加以使用。基于微积分的方程偶尔会介绍，但只是表明一些简单物理定律的基本理论基础，而一般不会用于在此讨论与动态运动有关的实际运算中。

物理流通环境是一个复杂的动态系统，使包装件受到一系列不同强度水平的危害。正像 Brandenburg 和 Lee 指出的那样，派送一个包装件从一个地方到另一个地方，甚至一个小的包裹环境也会经历和涉及大量的动态搬运及运输事件（Brandenburg 和 Lee，2001）。

手工搬运操作，比如装卸车会使包装件处于跌落或抛置的危险之中。运送中的货物也可能被其他包装件碰撞或者弹离运输车辆的箱壁。

机械搬运系统，例如叉车和传送带，在作业、分拣和仓储操作中，也使包装件受到潜在的碰撞及相关应力作用。当运输车辆启动、停止、遇到坑凹，或以其他方式诱发运动中的装载码垛移动时，都会产生碰撞。同样，这些车辆也会产生振动，并通过悬挂系统、车轮旋转和发动机运转的作用将振动传递给包装件。振动经常会通过码垛上方其他包装件的重量而加剧。

仓库操作中堆码载荷的静力也会影响到包装产品的物理完整性。常常会影响动态事件强度的温度、湿度及大气压力这些环境条件等会在本节后面详细讨论。

动力学理论定义了运动状态的变化。对这个变化的阻碍会导致潜在的破损，其破损程度取决于变化的时间速率和作用于码垛装载物的应力大小。产品在流通环境中最终的动态结果取决于位移、速度和加速度的关系。

2.1.1 位移

位移指一个物体从一点运动到另一点的距离，通常以长度单位来定义，如 mm 和 m（公制），或 in 和 ft（英制）。

2.1.2 速度

速度被定义为位移相对于时间的变化率，它是对运动着的物体速度快慢和方向的一个度量。例如，一辆汽车以每小时 50km 的速度向东行驶（31mph，mile/h），另一辆汽车以每小时 50km 向西行驶（31mph，mile/h），它们有相同的速度大小，但为不同速度。这两个速度差为 100km/h，如图 2-1 所示。

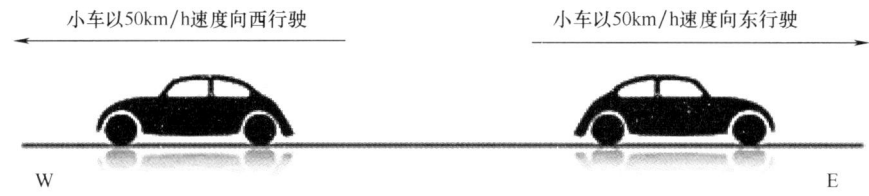

图 2-1　快慢一样，速度不一样

2.1.3 加速度

加速度被定义为速度相对于时间的变化率。如果上述车辆从一个静止位置达到 50km/h 需要一分钟，那么，平均加速度计算如下：

平均加速度 = 速度增量/时间增量
　　　　　= (50km/h － 0km/h)/(1/60)h
　　　　　= 3000km/h^2

要注意的是，因为运动是由方向和大小定义的，所以速度和加速度都是矢量。这个相对于速度的概念如图 2-2 所示，其中箭头代表了向东北的行驶方向。箭头长短代表了速度大小，这里，每厘米长的箭头表示 25km/h，即 2cm 长的箭头就是 50km/h。

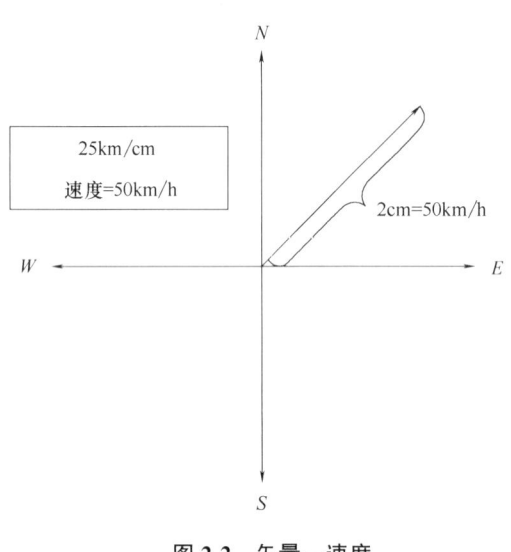

图 2-2　矢量—速度

2.2 落体

流通环境中,产品破损的一个潜在源起因于跌落的包装件。为此,有必要确定落体的撞击速度,因为撞击速度与产品/包装破损相关。方程(2-1)表明了涉及的因子有:

$$V_i = \sqrt{2gh} \tag{2-1}$$

式中,V_i——撞击速度,m/s 或 in/s

g——重力加速度,m/s² 或 in/s²

h——跌落高度,m 或 in

重力加速度(g)是物体受地球中心吸引的加速度。我们知道,重力加速度约等于 9.8m/s²(386.4in/s²)。例如,从 1m 高度跌落的一个包装件之撞击速度计算过程如下:

$$V_i = \sqrt{2\left(9.8\,\frac{m}{s^2}\right)(1m)} = 4.43\,\frac{m}{s}$$

2.2.1 机械冲击

给定冲击的强弱由加速度水平(即加速度幅值)和在该冲击发生的时间长短(即持续时间)来表征。图 2-3 表明了冲击大小和作用时间之间的关系,可以看到,这里表示的冲击脉冲是半正弦,其中撞击期间,加速度上升至峰值,然后物体反弹,加速度衰减回到起点。落体撞击时产生的冲击大小通常用引力常数的倍数来度量。50g 的撞击就是重力加速度的 50 倍:50×9.8 = 490.0m/s²(图 2-4)。如图 2-4 表示的冲击脉冲的峰值大小是按照加速度来定义的,但是冲击也能够由位移、速度或者力来表征。

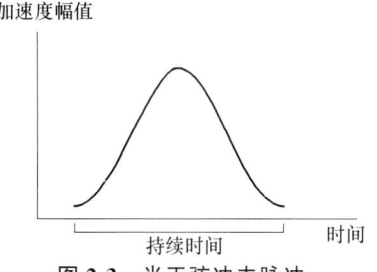

图 2-3 半正弦冲击脉冲　　图 2-4 50g 半正弦脉冲

2.2.2 速度变化量

冲击脉冲的另一个重要特性是速度变化量,即撞击速度和回弹速度的绝对值之和。它由加速度幅值与时间曲线下的面积来表示。

考虑如图 2-5 所示的情况。落体下落中会经历一个速度的变化：先是物体在释放时其速度从零开始逐步变大，一直到物体撞到地面时其撞击速度为 V_i。这一点记作为 t_1 点。物体又会经历另一速度变化：从最初撞击点起，物体速度减少，直到瞬间回到速度为零处 t_2，此时，幅值/时间脉冲到达峰值。在峰值处，物体也出现了最大动态变形，即最大动态压缩。随着物体减压，即"弹起"，就会在 t_3 点离开撞击表面，速度从零增加到回弹速度 V_r（等于 $-V_i$）。随着继续朝初始的跌落高度上升，物体最终回到零速度。

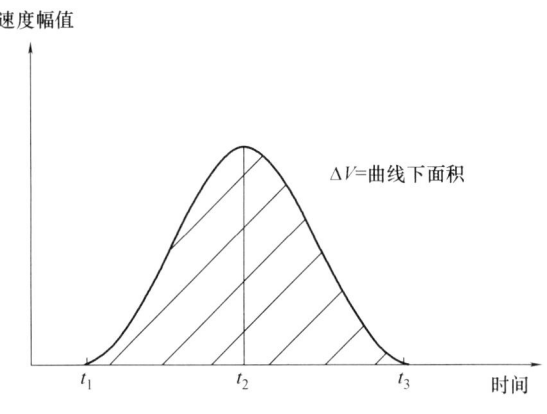

图 2-5 速度变化量

在数学上，速度变化量等于撞击速度和回弹速度绝对值之和（Burgess, 1994）。既然加速度是速度变化量除以时间，那么，速度变化量就是加速度的积分。从撞击点到峰值加速度幅值：

$$\int_{t_1}^{t_2} dv = \int_{撞击}^{峰值} 加速度 \, dt$$

说明：加速度处于最大值时，$v = 0$。但当出现塑性变形时，实际不是这样的。

上述方程表述的是冲击脉冲前半部分的速度变化量。脉冲后半部分对应了回弹速度的变化量，用下列方程来表示：

$$\int_{t_1}^{t_2} dv = \int_{峰值}^{回弹} 加速度 \, dt$$

总的速度变化量就是加速度/时间曲线下撞击与回弹部分的面积相加。方程（2-2）就笼统地定义了总的速度变化量。

$$\Delta V_t = \int_0^t a dt \tag{2-2}$$

式中，ΔV_t——速度变化量，m/s

　　　t——时间，s

　　　a——加速度，m/s²

基于跌落开始时间和物体到达地面的时间，跌落高度、加速度和时间之间的关系可用方程（2-3）表示：

$$h = \frac{1}{2}gt^2 \tag{2-3}$$

式中，h——跌落高度，m

g——重力加速度，m/s^2

t——自由跌落所用的时间，s

像前面已经描述的那样，一个包装件从1m的高度落下，到达的撞击速度为：

$$V_i = \sqrt{2gh} = \sqrt{2(9.8)(1)} = 4.43 \frac{m}{s}$$

包装件从1m处落下所需的时间能从方程（2-4）计算得到：

$$t = \sqrt{\frac{2h}{g}} = \sqrt{\frac{2 \times 1}{9.8}} = 0.45s \tag{2-4}$$

落体的时间、距离和速度之间的关系如表2-1所示。

表 2-1　　　　　　　　　　　　　　落体速度

时间/s	下落距离/cm(in)	速度/(cm/s)(in./s)	时间/s	下落距离/cm(in)	速度/(cm/s)(in./s)
0.1	4.9(1.9)	98(38.6)	0.6	176.8(69.6)	588.7(231.8)
0.2	19.6(7.7)	196(77.1)	0.7	240.5(94.7)	686.6(270.3)
0.3	44.1(17.4)	294(115.7)	0.8	313.9(123.6)	784.4(308.8)
0.4	78.5(30.9)	392(154.3)	0.9	397.5(156.5)	882.7(347.5)
0.5	122.7(48.3)	490.4(193.1)	1.0	490.7(193.2)	980.7(386.1)

2.2.3　力

实际上，流通过程中正是撞击力引起了产品的破损。牛顿运动第二定律表明了下面的关系：

$$F = ma \tag{2-5}$$

式中，F——力，N

m——物体质量，kg

a——加速度，m/s^2

在落体情况下，加速度被定义为重力加速度。在上述方程里，质量为物体中包含的物质多少的度量，正是这种属性赋予了物体的重量。当力是物体质量与重力加速度乘积时，力就等于该物体的重量。

$$重量 = 质量 \times 重力加速度$$

让我们考虑一个具有代表性的包装实例来应用这些数学求解公式。在常见的实验室测试里，为再现包装件在搬运操作中落下的动态效应，需要使用自由跌落机。该标准实验程序可参见 ASTM D 5276。典型的跌落试验机如图 2-6 所示（ASTM D 5276，2009）。

研究表明，包装件装卸中若经人工搬运被举到腰部，然后从手里滑落，可产生 0.8m（30in）高的跌落。基于上述的有关方程，我们可以使得这样的撞击性质量化。运用方程（2-4），跌落的包装件撞击至地面所花的时间就能够确定：

$$t = \sqrt{\frac{2h}{g}} = \sqrt{\frac{2\times(0.8\text{m})}{9.8\frac{\text{m}}{\text{s}^2}}} = 0.40\text{s}$$

该包装件所受到的撞击速度如下：

$$V_i = \sqrt{2gh} = \sqrt{2\left(9.8\frac{\text{m}}{\text{s}^2}\right)(0.8\text{m})}$$
$$= 3.9\text{m/s}$$

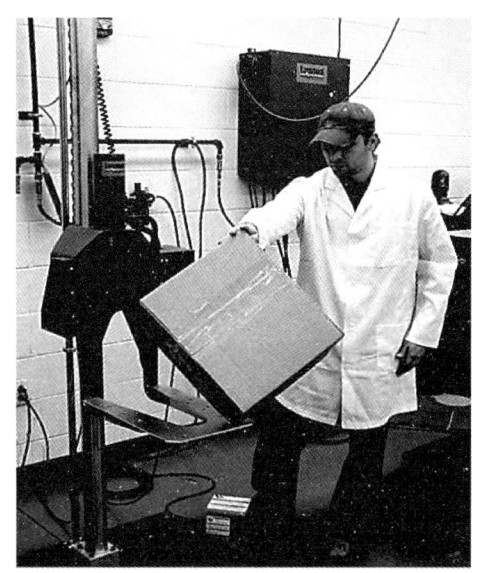

图 2-6　跌落试验机

如果该包装件落到水泥地板上，试验确定撞击速度会在约 0.003s 后减小到零（Burgess 1994）。

我们知道，既然加速度是速度变化量比时间，那么，可以用一个简单的方程计算撞击加速度：

$$加速度 = (V_i - 0)/(0.003\text{s})$$
$$= (3.9\text{m/s} - 0)/(0.003\text{m/s}) = 1300\text{m/s}^2$$

转化为 g，如下：

$$\frac{1300\frac{\text{m}}{\text{s}^2}}{9.8\frac{\text{m}}{\text{s}^2}} = 132.6 g's$$

这意指输入的力等于包装件重量的 132.6 倍。这样的应力常常会引起产品的破损。

2.3　振动

前面提到，历经物理流通系统的包装件会经受复杂的机械振动，这种振动具有一系列的加速度水平，使产品遭受的应力达到其破损点。振动可表征为一般较低强度水平的周期性输入。当包装件处于运送途中，运输车辆的力学行为产生一个稳态的连续输入。为简化运动的基本分析，振动系统可由质量-弹簧系统来表示。

2.3.1 简谐运动

图 2-7 表明了吊在天花板上的单自由度（SDOF）质量-弹簧系统。质量 m 由一根弹簧常数为 k 的线性弹簧悬挂（弹簧常数将在 2.3.4 节里详细讨论）。如果弹簧被拉下一段距离 x，然后释放，那么，系统会上下振动。若没有任何摩擦即阻尼，该振动会无休止地继续。虎克定律表明，拉伸弹簧所需的力取决于 k。方程（2-6）表明，弹簧越硬，拉伸弹簧所需的力就越大。负号意指拉伸的方向。

虎克定律

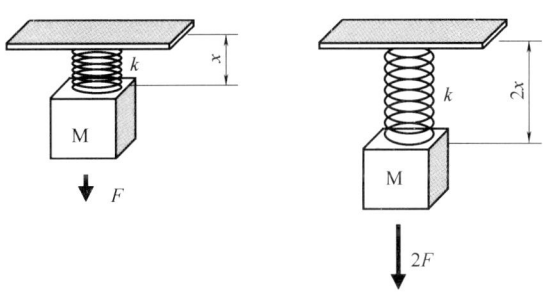

图 2-7 虎克定律

$$F_{spring} = -kx \tag{2-6}$$

式中，F_{spring}——力，kgf（国际单位制为 N）

k——弹簧常数，kgf/m（国际单位制为 N/m）

x——位移，m

图 2-8 是通过观察矢量以不变速率绕固定端旋转所画的位移 x。振动周期是频率 f（每秒钟循环重复的次数）的倒数。圆频率被定义为矢量 A 每秒钟完成 360°旋转的次数。如果圆频率被描述为 $p=2\pi f_n$，那么，pt 度量的就是用弧度表示的旋转矢量角度。该图代表了最基本形式的正弦振动，即简谐运动。随着矢量转动，就描绘出展现正弦波特性的周期性轨迹。矢量开始从平衡线的一个点旋转，到达正峰振幅 x，然后反方向转。矢量跨越平衡点，随后达到负峰振幅。正像前面描述的那样，完成一个振动循环且回到初始位置所需的时间称作振动周期 T。由此产生的运动是正弦振动，如图 2-9 所示。频率的单位为赫兹（Hz），每

秒一个循环等于1Hz。对于给定的质量-弹簧系统，若设置为自由振动，其振动频率称作为固有频率f_n。前面指出过，固有频率被定义为固有周期T（振动系统完成一个循环所需的时间）的倒数。

简谐运动

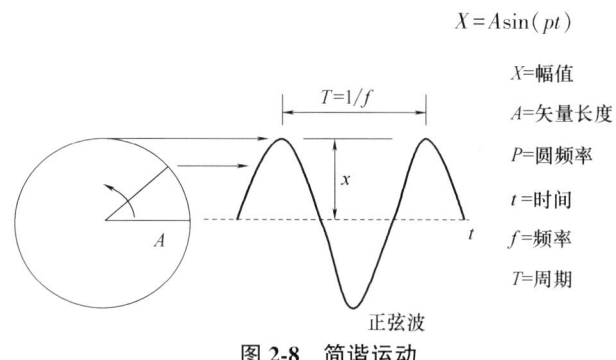

图 2-8　简谐运动

简谐运动

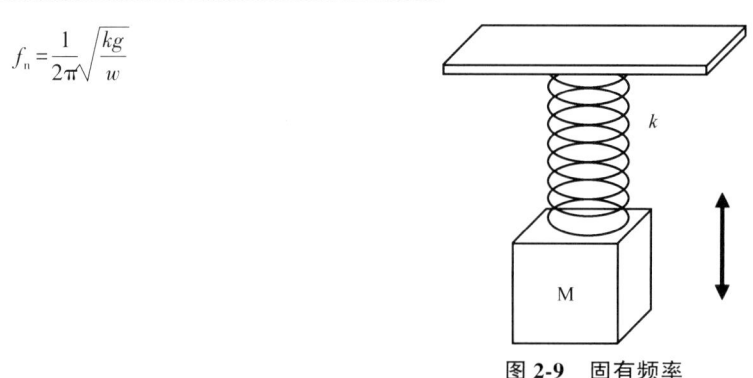

图 2-9　固有频率

$$f_n = \frac{1}{T} \tag{2-7}$$

式中，f_n——固有频率，Hz

　　　T——周期，s

例如，0.2s周期T等于5Hz的固有频率。最大位移可描述为正向或负向A的单幅值（零-峰），或者可表示为双幅值$2A$（峰-峰）。

2.3.2　运动方程

如图2-8所表示的那样，振动随时间的位移在数学上可用正弦函数来表达：

$$x = A\sin(pt) \tag{2-8}$$

式中，x——位移即幅值，cm 或 m

p——$2\pi f_n$ = 圆频率，cycles/s

f_n——频率，Hz

t——时间，s

要注意，一个循环等于 2π 弧度。在任意给定的时间点，位移幅值能够计算出来。以 10Hz 振动的系统在运动开始后的第 0.5s 会产生下面的位移：

$$x = A\sin(pt)$$
$$x = A\sin(20\pi \cdot 0.5s)$$
$$x = A - 0.016$$

在此例中，运动开始后 0.5s 时刻的位移等于正弦波峰值的 1.6%。包装应用上最感兴趣的是速度和加速度的峰值。可用方程（2-8）来推导其他运动方程。

2.3.3 最大幅值

图 2-10 表示了正弦运动时与位移、速度和加速度幅值之间的关系曲线。要注意正弦波的不同相位。速度与位移相差 90°，加速度与位移相差 180°。幅值的这三种量的最大值即峰值水平能够用对方程（2-8）描述的正弦函数求一阶和二阶导数来表示。方程是复函数，对其微分得到速度和加速度项（Brandenburg and Lee，2001）。对方程（2-8）求一阶导数会得到下面的式子：

$$\frac{dx}{dt} = Ap\cos(pt)$$

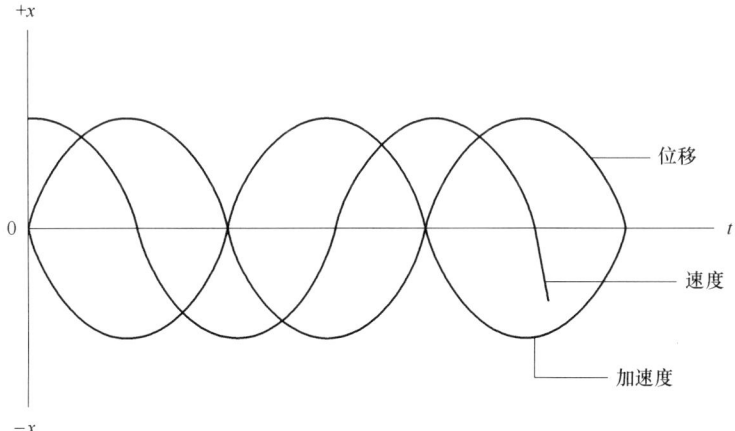

图 2-10 移相

此项定义为振动的速度。求二阶导数可得出加速度：

$$\frac{d^2x}{dt^2} = -Ap^2\sin(pt)$$

运动方程的最大值可通过各自函数的绝对值并设定正弦和余弦项（正值或负值）为最大值1获得，结果如下：

$$x_{max} = A\text{（就最大位移而言）}$$
$$v_{max} = Ap\text{（就最大速度而言）}$$
$$a_{max} = Ap^2\text{（就最大加速度而言）}$$

作为一个例子，我们考虑一辆在高速路上行驶的卡车。若拖车底板以 5Hz 的悬挂系统固有频率振动的总位移（峰-峰）为 5cm（0.05m），那么，拖车底板的最大加速度可由下面的方程求得：

$$a_{max} = Ap^2 = A(2\pi f_n)^2$$
$$a_{max} = 0.025(2\pi 5)^2$$
$$a_{max} = 24.6 \frac{m}{s^2}$$

为了转换成以 g 为单位，除以重力常数 $9.8m/s^2$，就是 $2.5g$。

2.3.4 线性弹簧

若质量-弹簧系统呈线性，振动的数学关系就简单了。弹簧的质量假定忽略不计。图 2-11 表示了施加载荷对弹簧变形的影响。如果等单位荷载使弹簧变形了等增量，就认为弹簧是线性的。由此产生的载荷-变形图就是一条直线，其斜率等于弹簧常数 k。

为了直接简单评估特定的产品零部件，这些零部件及其附属结构通常假定其呈现线性特性。相同的假设常常也针对缓冲系统。

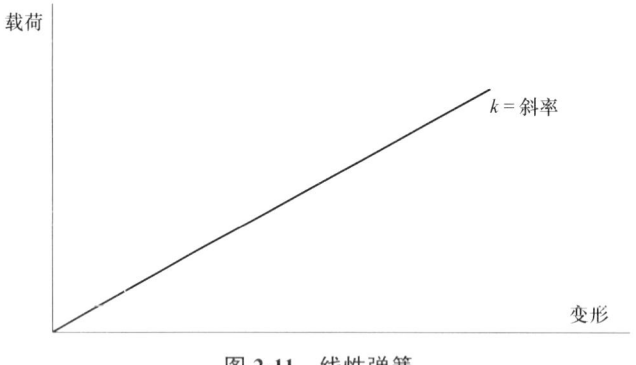

图 2-11　线性弹簧

2.3.5 静变形

在恒定载荷下，弹簧所经历的位移多少定义为静变形。其关系在数学上可表达为：

$$\delta_{st} = \frac{w}{k} \tag{2-9}$$

式中，δ_{st}——静变形，cm 或 m

　　　w——重量，g 或者 kgf

　　　k——弹簧常数，g/cm 或 kgf/m

例如，如果一个 5kgf 重的产品放置于具有弹簧常数为 50kgf/m 的衬垫上，产品的重量将会在衬垫上产生 0.1m 的静变形。

2.3.6　固有频率

正如前面所描述的，质量-弹簧系统的固有频率 f_n 就是这个系统以该频率做简谐运动的频率。我们已经用方程（2-8）表示的正弦函数式推导出了位移：

$$x = A\sin(pt)$$

此函数式表明圆频率 p、弹簧常数 k 和重量 w（质量 m 乘以重力加速度 g 即为重量 mg）间存有关系。用方程（2-10）表示：

$$p^2 = \frac{kg}{w} \tag{2-10}$$

式中，$p = 2\pi f_n$——圆频率，cycles/s

　　　k——弹簧常数，kgf/m

　　　g——重力加速度，m/s^2

　　　w——重量，kgf

如果频率定义为 f_n，方程（2-10）可写为 $p^2 = kg/w$，即 k/m，又因为

$$p = \sqrt{\frac{kg}{w}} = 2\pi f_n, \text{那么} f_n = \frac{1}{2\pi}\sqrt{\frac{kg}{w}} \tag{2-11}$$

方程（2-8）早先已经用图 2-8 表示了（Brandenburg and Lee，2001）。

若根据 2.3.5 节的举例，如果一个 5kgf 重的产品放置于具有弹簧常数为 50kgf/m 的衬垫上，那么，产品/衬垫系统的固有频率能用方程（2-11）来确定：

$$f_n = \frac{1}{2\pi}\sqrt{\frac{kg}{w}}$$

$$f_n = \frac{1}{2\pi}\sqrt{\frac{50\frac{kg}{m}\left(9.8\frac{m}{s^2}\right)}{5kg}} = 1.58 \text{Hz}$$

将方程（2-11）中所有常数代入并运算，这个方程能被简化，并可用另一方法求解：

$$f_n = 0.5\sqrt{\frac{k}{w}} \text{ 和由于 } \delta_{st} = \frac{w}{k} = \frac{5kg}{50\frac{kg}{m}} = 0.1m$$

$$f_n = 0.5\sqrt{\frac{1}{\delta_{st}}} \tag{2-12}$$

在 2.3.5 节描述的载荷作用下具有 0.1m 静变形弹簧的固有频率可表示为：

$$f_n = 0.5\sqrt{\frac{1}{0.1m}}$$

$$f_n = 1.58 \text{Hz}$$

可见，与方程（2-11）得出了相同的固有频率结果。如用英制单位，因为重力常数的不同，这些公式会有不同。该公式就变为：

$$f_n = \frac{1}{2\pi}\sqrt{\frac{kg}{w}}$$

其中，k 的单位是 lb/in，w 的单位是 lbs.，$g = 386.4 \text{in/s}^2$

代入常量得出：

$$f_n = 3.13\sqrt{\frac{kg}{w}}$$

2.4　习题

1. 定义一矢量的两个参数是什么？
2. 描述一个冲击脉冲的三个度量参数是什么？
3. 计算一包装件下落距离为 1.2m 的冲击速度。
4. 计算习题 3 中包装件下落 1.2m 距离所需的时间。
5. 已知产品重量为 20kgf，确定一弹簧常数为 500kgf/m 保护性衬垫的静变形。
6. 若悬挂系统的频率是 7Hz，卡车底板具有一个 4cm 的单幅垂直位移，求卡车拖车底板的最大垂直加速度（用 g 表示）。
7. 若衬垫的弹簧常数等于 600kgf/m，产品重量为 10kgf，那么，产品/衬垫系统的固有频率是多少？
8. 若一产品使衬垫产生静变形 5mm，并保持不动，求该系统的固有频率。

第 3 章

动力学理论：振动

3.0 目的

本章我们将详细研究振动力学。讨论当历经流通环境时，影响包装产品的一些问题。第 2 章定义的简单的质量-弹簧系统将扩展到包含阻尼，还会引入受迫振动。来自卡车的振动输入将会使产品/包装质量-弹簧系统产生响应，而且该响应会随着来自卡车、轨道车辆和其他运输车辆的受迫频率与产品/包装组成系统的固有频率比而变化。也将定义放大率和传递率并应用于单自由度质量-弹簧系统。然后，比较正弦振动和随机振动，以确定实验室产品和/或包装评价与产品运输时经受的实际现场环境间的差异。

简谐运动

无摩擦即无阻尼

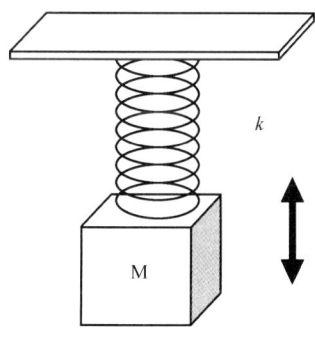

图 3-1　简谐运动

振动模型

- 有阻尼的单自由度质量-弹簧系统

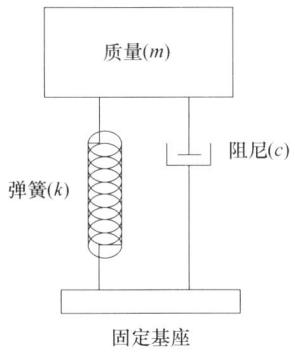

图 3-2 有阻尼的单自由度质量-弹簧系统

3.1 非受迫正弦振动

在第 2 章里,我们利用质量-弹簧系统作为模型定义了简谐运动的概念。图 3-1 表示了这个模型,它上下运动,没有摩擦和阻尼。应该注意到,质量-弹簧系统依然固定于上部安装位置。该模型在解释位于缓冲系统中的产品在运动中的行为时是有用的。图 3-2 表示了另一种单自由度(SDOF)质量-弹簧系统,它安装于一个固定座上,有阻尼。黏性阻尼器是这样一种阻尼,其产生的振动阻力与振动系统的速度成正比例,用阻尼系数 C 来表示。阻尼是一种机理,质量-弹簧系统的运动会通过在黏性材料中运动活塞的摩擦来耗散掉。例如,如果一个质量-弹簧系统偏离平衡位置,然后释放,就有振动产生,阻尼决定该产品/缓冲系统的停止速度。

3.1.1 阻尼系数 C

任何质量-弹簧系统中的阻尼均是一个比较值,根据临界阻尼系数 C_c 来度量。C_c 在数学上由方程(3-1)表示:

$$C_c = 2\sqrt{\frac{kw}{g}} \tag{3-1}$$

式中,C_c——临界阻尼系数

k——弹簧常数,kgf/m

w——重量,kgf

g——重力加速度,m/s^2

临界阻尼系数表示了为使产生变形的质量-弹簧系统以最短时间且无振动地

回到初始位置的阻尼量。

3.1.2 阻尼比

大多数质量-弹簧系统中存在的阻尼大小占临界阻尼水平的一小部分。其比值用方程（3-2）来表示：

$$\xi = \frac{C}{C_c} \tag{3-2}$$

式中，ξ——阻尼比

C——质量-弹簧系统中存在的阻尼

C_c——临界阻尼系数

如果系统为临界阻尼，$\xi=1$。如果$\xi>1$，系统为过阻尼；若$\xi<1$，系统为欠阻尼。后一种情况在日常振动里最常见到，即该振动使包装产品在其缓冲垫上产生了位移。图 3-3 和图 3-4 表示了上述三种情况中每一种振动耗散关系。要注意的是，质量-弹簧系统的固有频率加了阻尼后有变化。有阻尼的固有频率 f_{nd} 由方程（3-3）定义：

$$f_{nd} = \frac{1}{2\pi}\sqrt{\frac{kg}{w}(1-\xi^2)} \tag{3-3}$$

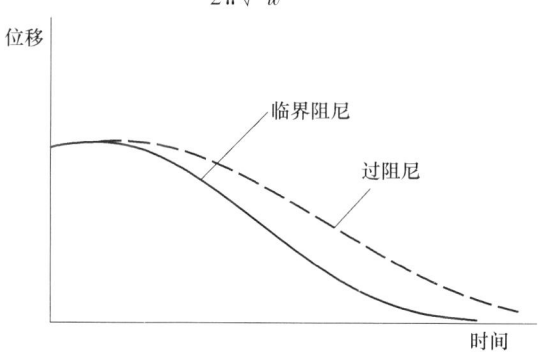

图 3-3 临界阻尼和过阻尼

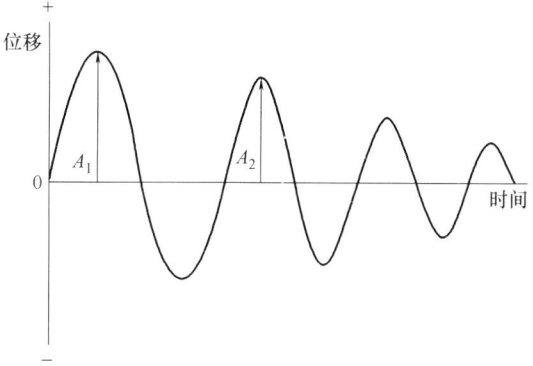

图 3-4 欠阻尼系统

有阻尼的频率与无阻尼频率之间的关系可由方程（3-4）重新定义：

$$f_{nd} = f_n \sqrt{(1-\xi^2)} \tag{3-4}$$

对于欠阻尼系统，固有频率和有阻尼频率间的差别通常相当小，所以，用 f_n 足以充分定义共振频率（Brandenburg 和 Lee，2001）。从图 3-4 可以看出，施加了阻尼后，幅值从第一个循环的 A_1 减小到第二个循环的 A_2，且呈对数规律。这可以用方程（3-5）和方程（3-6）来解释：

$$\ln\left(\frac{A_1}{A_2}\right) = \frac{2\pi\xi}{\sqrt{(1-\xi^2)}} \tag{3-5}$$

$$\frac{A_1}{A_2} = e^{\frac{2\pi\xi}{(1-\xi^2)}} \tag{3-6}$$

下面举例计算一个无阻尼系统回到平衡位置的衰减率。如果阻尼比是 $\xi = 0.09$，则

$$\ln\left(\frac{A_1}{A_2}\right) = \frac{2\pi(0.09)}{\sqrt{1-(0.09^2)}} = 0.56$$

$$\frac{A_1}{A_2} = e^{0.56} = 1.75$$

$$A_2 = \frac{A_1}{1.75} = 0.57 A_1$$

振动系统每个循环的幅值是前一个循环幅值的 0.57 倍。

3.2 受迫振动

上面描述的质量-弹簧系统经受了一次来自外部的干扰就动了起来。对于卡车拖车里的包装产品，当外力继续激励车辆及承载物时会经历受迫振动。拖车的悬挂系统、轮子和结构组件产生一个输入力驱动包装系统。图 3-5 表示了在受迫振动模式下的质量-弹簧系统。注意到，基座不再固定，而是随着包装产品的移动在运动。包装系统不是按自己的固有频率，而是按外部输入的受迫频率在振动。包装系统的响应取决于受迫频率与产品/包装的固有频率之比，这定义为系统的传递率，由此产生的相对于输入的输出图称作为传递函数。在很低的输入频率阶段，传递率等于 1，意指响应等于输入。该区域表示了运动的直接耦合阶段。随着输入频率靠近系统的固有频率，响应增加，达到顶峰。这个顶峰表明共振出现，此时，响应达到最大值。共振就是受迫频率等于响应系统固有频率的那个点。随着输入频率继续增加，响应减小，最终回到 1。传递率大于 1 的区域定义为放大阶段，此时响应大于输入。随着输入频率继续增加，传递率低于 1。响应小于输入，进入称作为衰减阶段的区域，如图 3-6 所示。

受迫振动模型

- 基座移动
- 振动输入经过基座，进入质量/弹簧系统
- 共振＝放大
- 质量/弹簧系统三个可能的响应：
  - 直接耦合
  - 放大
  - 衰减

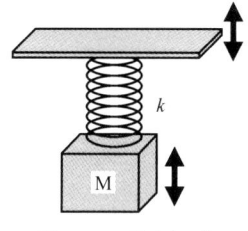

图 3-5　受迫振动

传递率

- 振动响应与振动输入的比值
- 输入频率的函数

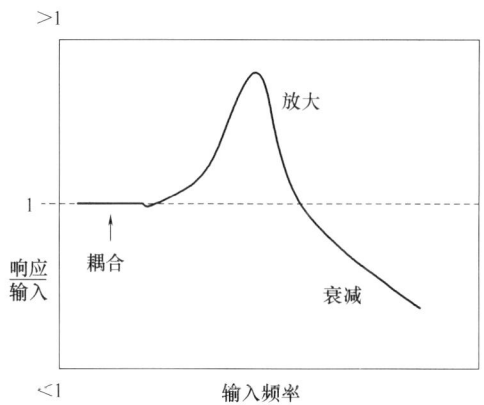

图 3-6　传递率三个阶段

单自由度线性质量-弹簧系统的传递率值可由下面方程计算（Harris，1988）：

$$T = \sqrt{\frac{1+\left[2\xi\left(\dfrac{f_\mathrm{f}}{f_\mathrm{n}}\right)\right]^2}{\left[1-\left(\dfrac{f_\mathrm{f}}{f_\mathrm{n}}\right)^2\right]^2 + \left[2\xi\left(\dfrac{f_\mathrm{f}}{f_\mathrm{n}}\right)\right]^2}} \tag{3-7}$$

阻尼比影响传递率。像上面 3.1.2 节介绍的那样，阻尼减小了从静止位置启动的振动系统连续振动的幅值。受迫振动的质量-弹簧系统的最大激励（共振）会随阻尼百分比的增加以对数速率减小。图 3-7 表示了一系列具有不同阻尼百分比的传递率曲线。由图可见，传递率的对数率随着阻尼百分比从 10%、20% 到

50%而减小。

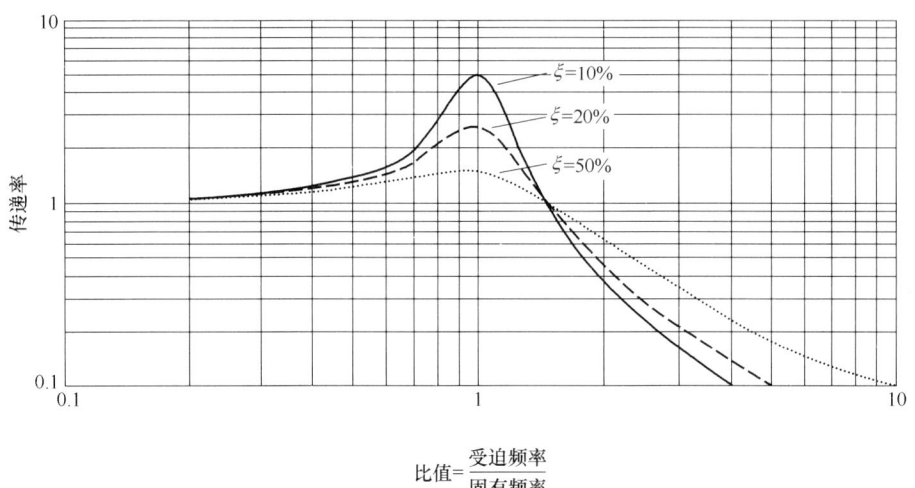

图3-7 有阻尼系统的传递率

阻尼也影响受迫频率和质量-弹簧系统响应之间的相位关系。下一节将引入放大因子的概念与同相位和异相位之间的关系。传递率与放大因子类似，这是由于两者都将输出响应与受迫振动输入做比较。传递率的数学表达式定义了相位角对有阻尼系统的影响。然而，一般考虑用无阻尼系统来近似实际的包装应用，即使这个更保守的解决方案可能导致某种程度的过包装（Harris，1988）。

3.3 放大因子

当包装产品历经流通环境时，来自外界受迫频率的运动幅值将分别取决于受迫频率与包装产品和车辆的固有频率之比值。放大因子可通过方程（3-8）来确定，其结果可看作为输出与输入之比：

$$M = \frac{1}{1-\left(\dfrac{f_f}{f_n}\right)^2} = \frac{输出}{输入} \quad (3-8)$$

式中，M——放大因子

f_f——受迫频率，Hz

f_n——固有频率，Hz

Brandenburg 和 Lee 于 2001 年详细推导出了放大因子方程。图 3-8 以绝对值形式表示了放大因子，其中，横坐标为受迫频率与固有频率的比值。要注意到，对于很小的频率比，放大因子 M 接近于 1，意指输出近似等于输入。随着比值增加，M 迅速增加，随着 f_f/f_n 接近于 1，因 $M = 1/0$，M 的值无穷大。这个最大的放大因子点就被认为是共振点。在图3-9中，阻尼引进了模型，要注意的是，系统的响应现在是有限的。同时，也表明 M 在频率比为0和1之间是正值。这就表明激励与由此导致的受迫运动同相位。质量-弹簧与输入面运动同向。当激励频率大于固有频率时，M 为负值，意指受迫振动呈异相位。输入面与质量-弹簧运动反向。在大约1.5（准确说是 $\pi/2$）处，M 值在1之下。这被定义为隔振点，所有 M 值都小于1。M 渐渐接近于零，比值为3处的 M 值可忽略不计。

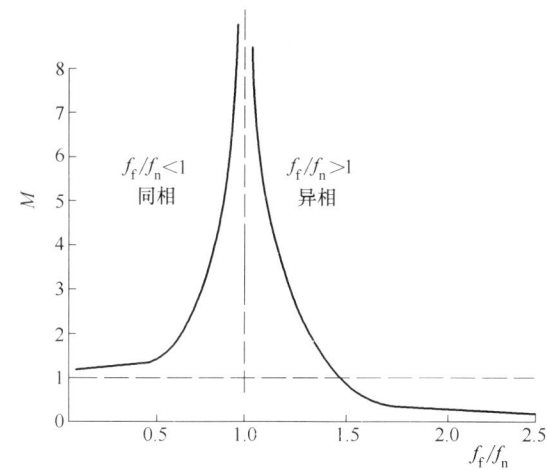

图3-8　无阻尼弹簧系统的放大因子

放大因子 M 一旦确定，就能够直接以相乘的方式用于求位移、速度或加速度，计算出由受迫振动的输入而引起的结果。例如，考虑一辆在高速路上行驶、具有4Hz悬挂系统频率、2.5cm拖车底板零-峰（单幅值）位移的卡车。固有

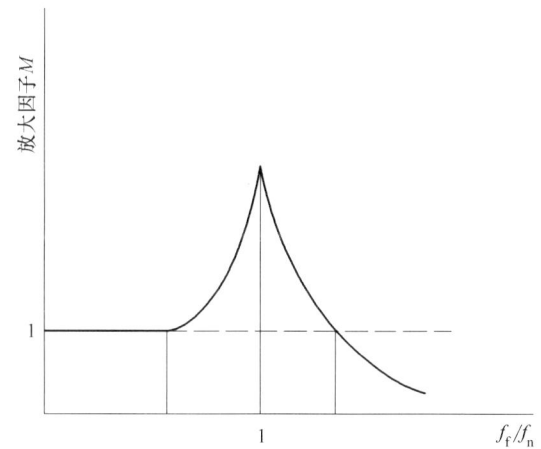

图3-9　有阻尼弹簧系统的放大因子

频率为10Hz的缓冲产品搁置在该卡车拖车的底板上。拖车底板的最大加速度可从第2章给出的运动方程中计算得出：

$$\begin{aligned} a_{max} &= A(2\pi f_n)^2 \\ &= 2.5(2\pi 4\text{Hz})^2 \\ &= 1577.5\frac{\text{cm}}{\text{s}^2} \\ &= \frac{1577.5\frac{\text{cm}}{\text{s}^2}}{981\frac{\text{cm}}{\text{s}^2}} = 1.6g's \end{aligned}$$

拖车内缓冲产品导致的响应加速度和响应位移能够通过先计算放大因子 M 得到（如上所示），并把其应用到输入加速度和车辆位移上。

$$M = \frac{1}{1-\left(\frac{f_\mathrm{f}}{f_\mathrm{n}}\right)^2}$$

$$= \frac{1}{1-\left(\frac{4\mathrm{Hz}}{10\mathrm{Hz}}\right)^2}$$

$$= 1.2$$

前面已定义了放大因子为输出与输入的比值：

$$M = \frac{输出}{输入}$$

这就意指输入加速度直接乘以 M 就得到了输出加速度。由于求得拖车底板的最大输入是 $1.6g$，从而，产生的缓冲产品的最大加速度如下：

$$M \times 输入加速度 = 1.2 \times 1.6g = 1.9g's$$

拖车底板乘以放大因子就得到了缓冲产品的位移：

$$M \times 输入位移 = 2.5\mathrm{cm} \times 1.2 = 3.0\mathrm{cm}$$

上述例题说明的情况是，车辆的激励频率和对应缓冲产品的固有频率在数值大小上不是太接近。很容易设想这样一种情况，两个频率相近，导致的放大因子会相当大。在这种情况下，必须设计包装来保护产品免受这样一个长周期的放大输入。

3.4 振动测试

几十年来，包装专业技术人员一直对确定缓冲产品免受运输环境带来潜在危害的振动测试感兴趣。多年来，一直运用不同的试验方法，考虑各种测试解决方案，持续发展现有的测试技术。ASTM D 999 描述了解决来自运输车辆振动输入问题的最常用的测试方法（ASTM D 999，2009）。这些方法将在下面各节中陆续介绍。

3.4.1 重复冲击

最早的振动测试技术之一是利用机械驱动式振动台，它由偏心凸轮操作，产生垂直及旋转运动。两种形式的振动输入需要一个固定不变的位移和来自系统的圆周同步运动。这种振动台在 2~5Hz 的变频范围内产生一个 25mm（1in.）的双振幅（峰-峰）位移。垂直装置只在垂直方向上运动，而旋转台产生一个椭圆运动。两种输入都是正弦输入。

物体开始在2Hz处试验,增加频率直至试件的某个部分反复离开旋转台表面。这种情况可以按如下方法验证:在试件下面沿长度方向选点放一个厚度为1.6mm(1/16in.)、宽为50mm(2.0in.)的平垫片。这就产生了重复冲击响应,如图3-10所示。然后,使试件保持动态一段特定时间(常常是1hr)。试验完成后,如检查产品如未损坏,说明包装设计适合运输环境。该试验现在被认为比实际的运输环境严酷得多,如没有其他测试方案替代,该试验很有可能被采纳。

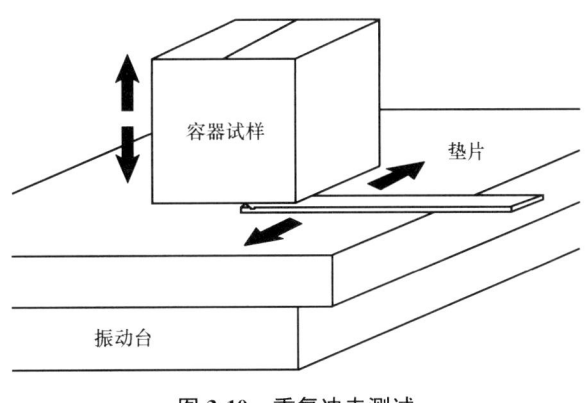

图 3-10 重复冲击测试

3.4.2 共振搜索与驻留

利用正弦扫描或随机振动输入就可以进入共振搜索程序。在3.5节里,我们会详细讨论随机振动。正弦扫描需要至少3~100Hz的最小频率范围。这个范围被认为包含了来自各种各样运输器具的主输入频率。选定恒定的加速度幅值(一般在$0.25g$~$0.5g$)。正弦扫描是这样的,从最低频率(基频)到最高频率,以每分钟0.5到1.0倍频连续的对数速率,然后以相同速率回到最低频率限。在这种情况下,一个倍频被定义为频率的加倍。如确认好了共振点(或多个点),让试件在每一个共振点处停留一段时间(经常为15min)。如同重复冲击试验一样,检查产品是否损坏,以及就研发中的包装设计是否适用作决策。该方法在搜索产品共振点和观察包装系统的响应方面有作用,也对产品和包装设计有帮助。

产品也能用共振搜索程序,如 ASTM D 3580(2009)。图3-11表示产品试样安装在卡具并固定到振动台上。为确定共振点,再次使用正弦信号或随机信号。然而,运输环境很少产生单纯的正弦运动,这就使得该试验程序成为过于严苛的评价手段。模拟实际的运输环境需要测量流通循环中的随机振动输入,并创造手段在实验室里再现这样的动力学现象。这些方法将在下节讨论。

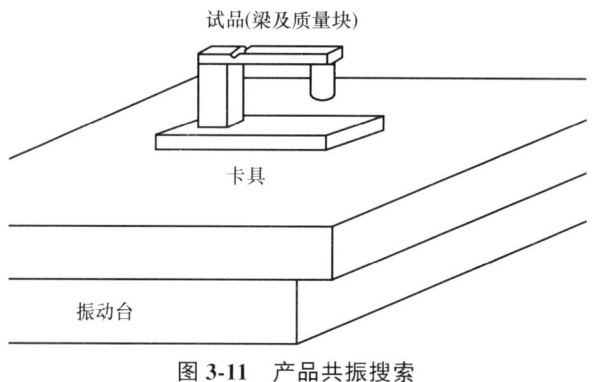

图 3-11 产品共振搜索

3.5 随机振动

随机振动不同于正弦振动，在于振幅的瞬时值无法预测，波形复杂。在运输车辆中，随机振动的输入是由车辆中所有构件的振动组成。如果卡车拖车沿高速路行驶，卡车构件也以正弦模式在各自的固有频率处振动。悬挂系统会产生一个 1~10Hz 范围的频率，这取决于拖车是满载还是空载。基于轮胎的压力由低到高，轮胎的频率范围一般会在 15~20Hz。卡车底盘和结构组件的频率范围是 50~100Hz。其他输入包括可测得的发动机转速和轮子的不平衡。轮子的不平衡随着发动机和车辆的速度而变化。所有给予拖车货物的输入同时发生，会产生上面提到的复杂波形。后面将要介绍的实验室模拟需要测量运输环境和记录信号分析中的随机振动输入。功率谱密度（PSD）曲线能通过分析研究得出，通常用于这样的模拟中。这些 PSD 曲线是谱中每个频率处振幅强度的表示。

3.5.1 功率谱密度

图 3-12 表示了随机信号（比如在一辆越野卡车上记录得到）。可以观察到信

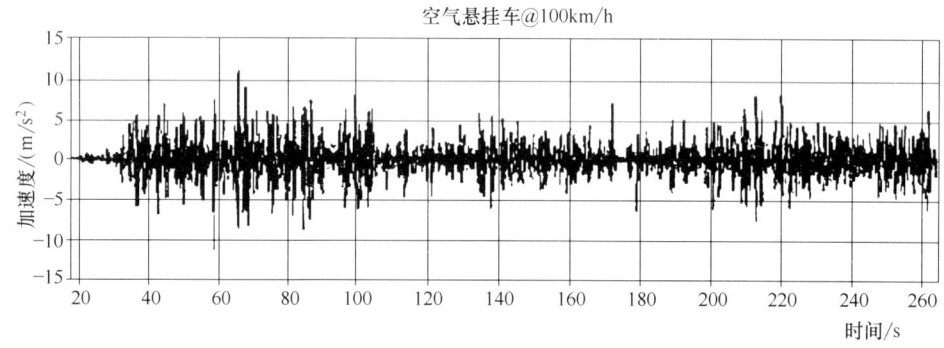

图 3-12 卡车输入数据加速度幅值-时间曲线

号的大小随时间变化。这些加速度-时间记录信号的统计特性与其概率分布有关。随机振动分析中最常考量的概率分布是高斯分布，即正态分布。

前面提到，随机振动输入是由于各种频率及振幅正弦波分量同时输入而产生的复杂波形。确定功率谱密度的第一步就是分解此复杂波，这可以通过运用数学中的傅里叶变换来实现。傅里叶分解过程利用了所谓的快速傅里叶变换（FFT），FFT是一个能将连续随机信号分解成正弦分量的算法。该方法通过同时滤波窄带频率的办法把时域信号转化为频域信号。为此，电子分析仪使用的是带通滤波器（通常是1Hz的带宽）。例如，设计捕获5Hz的振动输入会设定过滤掉低于4.5Hz和高于5.5Hz的所有波形，使得1Hz的带宽通过滤波器。复杂信号的总强度可由谱中每个离散频率来确定。为产生频域结果，图3-13表示了通过一系列滤波器的时域信号。图中标明了过滤器A、B、C和D，其中每个代表了一个离散频率。每个频率点的信号强度可按照频域方式确定和描绘（图3-13图右侧），通过一系列过滤器运行复杂信号，确定频率含量。

随机振动

- 通过一系列过滤器运行复杂信号，确定频率含量

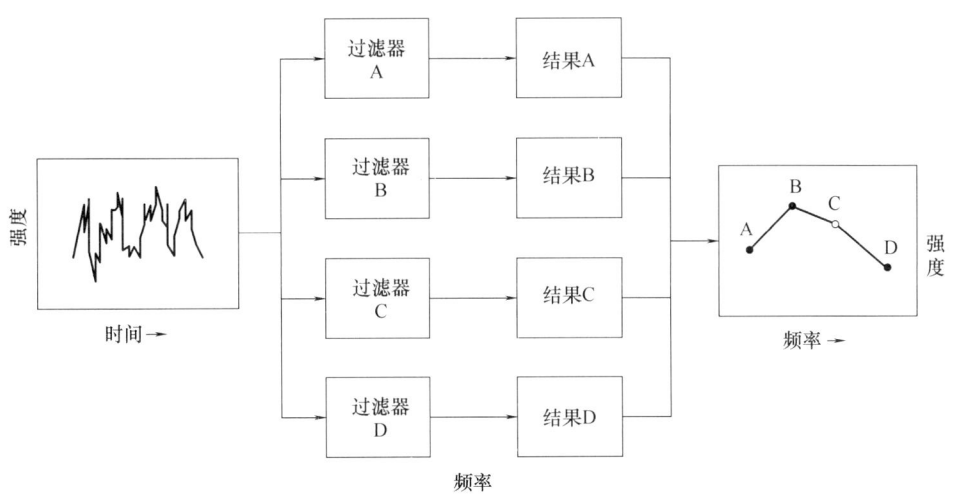

图 3-13　过滤复杂信号

以偶数间隔对随机信号进行采样，研究振幅分布，就完成了分解过程。假设振幅通常记录为加速度水平，以 g 作为数学评价的基础。注意到，既然振幅可以是正值和负值，那么，一个大的样本会产生平均值为零的分布。该分布的标准方差定义为均方根平均加速度（rms值），对于高斯分布（Harris，1988），它可由方差的平方根确定。对于样本大小 n，g 值分布的标准方差如下。

$$s = \sqrt{\frac{\sum_{i=1}^{n}(G - \text{mean acceleration})^2}{n-1}} \quad (3\text{-}9)$$

式中，s——标准方差

G——加速度水平，$g's$

n——样本大小

mean acceleration——平均加速度，$g's$

根据记录的大样本，平均值为零，那么标准方差为

$$s = \sqrt{\frac{1}{n}\sum_{i=1}^{n} G_i^2} = rms_g \quad (3\text{-}10)$$

最终结果 rms_g（加速度值的均方根平均值）用作统计度量特定频率点处的随机信号幅值，称之为振动的有效能量。当信息在测量的运输环境总谱（通常1~300Hz）上捕获时，为了用不同的形式表达，要进行另外的数学运算。PSD图是一个把归一化的振幅功率变成1Hz的频率带宽。电子分析仪利用方程（3-11）(Brandenburg and Lee, 2001)，根据在给定频率点捕获的测量幅值样本计算PSD：

$$PD = \frac{\sum_{i}^{n}\frac{(rms_g)_i^2}{N}}{BW} \quad (3\text{-}11)$$

式中，PD——功率密度，G^2/Hz

rms_g——带宽 BW 内均方根平均加速度，g

N——样本数目

BW——评估 rms 的带宽，Hz

于是，功率谱密度可定义为单位频率区间的功率。对于任意包含在随机信号中的正弦波，等效值如下（Pennington, 1966）：

$rms = 0.707 \times$ 峰幅值

平均值 $= 0.637 \times$ 峰幅值

峰-峰值 $= 2 \times$ 峰幅值

图3-14表示了一个具有代表性的带宽为1Hz的PSD图（ASTM, 2009）。请注意，此图利用了双对数坐标。这是因为测得的运输中 PD 值在给定频率点的变化可能为多个数量级。

选取1Hz的带宽使傅里叶分量，如 rms_g，可表示为矢量和。考虑下面的例子：

$$G = G_1 \sin\frac{1\pi t}{T} + G_2 \sin\frac{2\pi t}{T} + G_3 \sin\frac{3\pi t}{T} + \cdots$$

$$(rms_g)^2 = (rms_1)^2 + (rms_2)^2 + (rms_3)^2 + \cdots \quad (3\text{-}12)$$

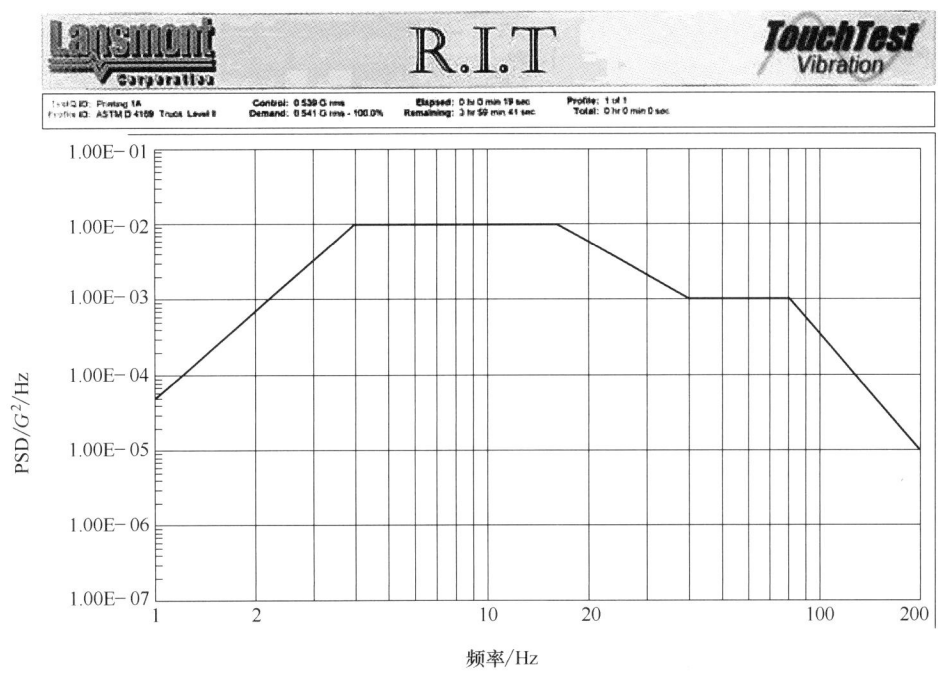

图 3-14 卡车 PSD 曲线

3.5.2 PSD 曲线

对测量的运输环境进行研究,从而为分析获得了庞大的数据库。因为功率密度(PD)值为各种各样运输模式强度的近似值,包装专业技术人员尝试选择将产品曝露于危险性最小的运输输入的那些模式。数据库也为基于实验室的运输模拟提供了大量的曲线组。如前面所述,运输环境中测得的分布通常被视为正态分布,即高斯分布。

正如前面提到的,用该统计模型,功率密度可定义为样本总数的方差,rms_g 表示标准方差。Brandenburg 和 Lee(2001)证明两者有如下的数学关系:

$$\sqrt{功率密度 \times BW} = rms_g = 标准方差 \quad (3-13)$$

若将谱的所有波段加以组合,总的 rms_g 也能够计算出:

$$rms_g = \sqrt{PSD 曲线下面积} \quad (3-14)$$

对于一个随机信号,rms 与标准方差相同,也就是,对于 99.7% 的时间瞬态值标准方差在 ±3 以内,有 0.3% 的值超出了。方程(3-15)和方程(3-16)仅对确定性的正弦波有效,不适用于作为 PSD 测量的随机信号。还可以表明峰值 G 与平均值 rms_g 相关:

$$rms_g = \frac{1}{\sqrt{2}} G_p \quad (3-15)$$

$$\text{峰值 } G = 1.41 \times (rms_g) \tag{3-16}$$

这就意指在测量的运输环境中特定频率点处期望的最大峰值 G 为

$$\text{峰值 } G = 3 \times (rms_g) \tag{3-17}$$

由于假定 PD 值具有正态分布，平均振幅为零，像上面说明的一样，在标准方差内定义加速度值。这说明 68.3% 的值会落在零均值的 ±1 标准偏差内。移至 ±2 标准偏差，会包含 95.4% 的样本总数，在 ±3 标准偏差处，99.7% 的值被定义。高于这个水平加速度值的可能性非常低（0.3%）。

让我们看看下面的例题。如图 3-14 所示，4Hz 的最大功率密度水平是 $0.01 g^2/Hz$。给定 1Hz 的带宽，通过取功率密度的平方根，rms_g 很容易求得：

$$\sqrt{\text{功率密度} \times BW} = \sqrt{0.01 \frac{g^2}{Hz}} = \pm 0.1g$$

因为 $rms_g = \frac{1}{\sqrt{2}} G_p$，峰值加速度 = 1.41（$rms_g$）

$$= 1.41 \ (0.1g)$$

$$= \pm 0.14g$$

把该峰值水平设为三个标准偏差，99.7% 的幅值便能定义。

$$\text{峰值加速度} = \pm 0.14g \times 3 = \pm 0.42g$$

由计算结果看出，构成图 3-14 曲线所测量的卡车加速度中 4Hz 频率处只有 0.3% 的数据会超出 ±0.42g。

上面的讨论和例题是基于这样的假定：运输环境中测量的振动输入确实是随机的，且符合高斯分布。研究已经表明，现场测得的振动输入实际不是高斯分布。这是因为，为了构建 PSD 曲线，记录数据必须在一个相当长的时间间隔上平均，某些振幅特性可能从最终的曲线里平均掉，持续时间非常短的振幅可能失去。后一种结果是由于许多现场环境中数据的非稳定性质所致。当记录由于坑凹、铁轨和高速路膨胀伸缩缝产生的瞬时冲击时，数据分布会改变。下面的讨论将聚焦构建更常用曲线的方法，还给出一些最新的包含更全面的实际的现场数据的表示方法和改进模拟测试规程的解决方案。

3.6　研发随机振动曲线

研发随机振动曲线的过程需要采集现场振动数据，分析由此数据生成的曲线汇总。数据记录仪能采集运输车辆的振动输入，伴随的软件能用来分析数据和构建实验室模拟使用的 PSD 曲线。研究表明，后轴位置是车辆的最活跃位置，因此，记录仪通常安装在车辆的后轴位置。记录好振动输入后，为消除数据噪声和所有非振动因素，要过滤数据。随后设定滤波器，除去所有低于 $0.04G_{rms}$（Wallin，2007）的记录数据。下一步就是平滑这些数据并确定明显的断点。为了减少断点的数目，在原始数据曲线范围内设置标记。图 3-15 表示了对卡车案例的曲线平滑，其中数据点数目从约 450 减至 14。为了生成最终的曲线，分析软件在断点间拟合成一直线。

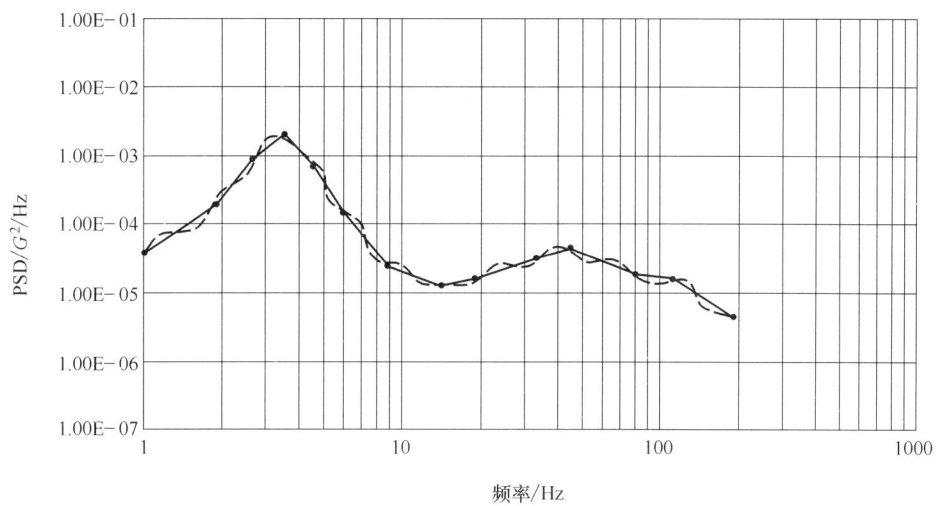

图 3-15　平滑 PSD 曲线

完成随机振动测试通常利用通用的 PSD 曲线，如 ASTM D 4728（2009）推介的 PSD 曲线。但一条通用的曲线不可能充分代表不同流通环境的真正特性，这就导致要研发一些改进的测试规程，这将在下节课介绍。

模拟中要考虑的另一个问题是运输车辆中产品经历振动输入影响的时间长短。因为在实验室里再现整个运输历程是昂贵和非常耗时的，所以，为了缩短在实验室里的测试时间，加快振动曲线的幅值是一个惯例。实现该目标的建议方法将在下节课介绍。

3.6.1　加快测试和高能/低能谱

研究表明，所有形式的货运，像越野卡车、铁道车辆和飞机，在物理流通循环时都会经历平滑和起伏时刻。为了解释车辆运输中平滑道路和起伏道路之间振幅的变化，推荐的做法是要求用户建立两条模拟曲线：一条为低能曲线（占低强度动态事件的 70%~80%），另一条为高能曲线（占其他动态事件的 20%~30%）。Singh 和 Joneson 建议划分比例为高能 30% 和低能 70%。依照该例子，若发现在给定运输环境中测得的加速度的 30% 以上大于等于 $0.150G_{rms}$，那么，第二个滤波器就设定成除去低于该水平的所有事件。此外，最后的曲线要经过上节课描述的平滑过程。图 3-16 表示的是对应于代表性卡车行程的低能和高能曲线。

然后，加快这些曲线建立的过程就是创建一个模拟输入，将实时的现场数据减少至合理的实验室测试时间。据报告，创建的曲线应该不会加快到超过 1∶5

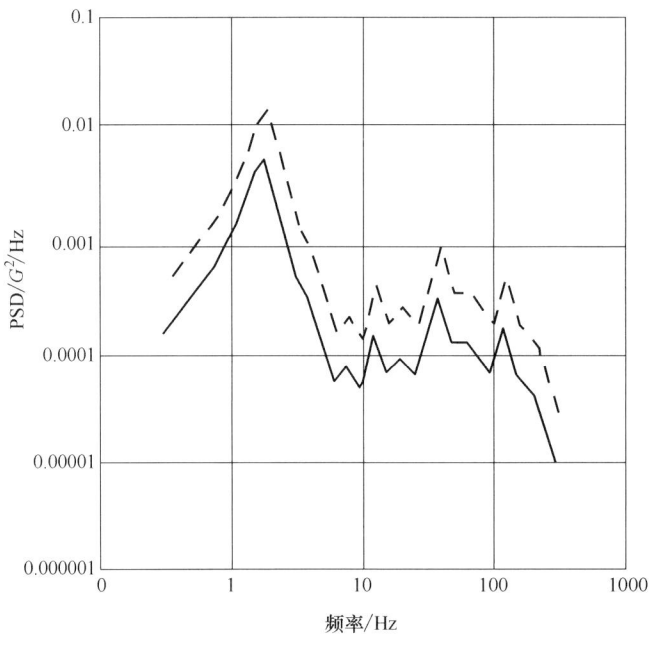

图 3-16 卡车随机振动高能和低能曲线

的比率（Wallin，2007）。利用方程（3-18）表示的公式就可以完成加速度的计算：

$$I_t = I_o \left(\frac{T_o}{T_t}\right)^{0.5} \quad (3\text{-}18)$$

式中，I_t——实验室测试强度，G_{rms}

I_o——初始现场强度，G_{rms}

T_o——初始现场曲线时间长短，min

T_t——实验室测试时间，min

通常的做法是，确定表明振动事件所记录的现场数据时间百分比在低和高的加速度范围内，并在这些水平处进行相同的时间百分比模拟。例如，如果现场数据分析表明记录的事件处于或高于高能点（实际现场运输的 12%），那么，实验室性能模拟就设定为 3h，最后的实验室测试需用高能曲线 21.6min（180min 测试时间的 12%），总的测试时间中剩余的 158.4min 用来模拟低能输入曲线。如果多于一个运输模式在使用，建议每种运输模式要获得各自的曲线。每种运输模式也可以拥有高能/低能模拟谱分量。图 3-17 表示了用于模拟从纽约州罗切斯特到加州洛杉矶的空气悬挂卡车、火车和板弹簧卡车而设计的测试序列。测试循环每种分量的时间长短可能会变化。有些包装技术人员可能用与实际运输相同的时间结构。另一些人可能为缩短时间而加快测试。必须认真地做决策，并用现场里看到的结果与实验室破损结果相比较。

出发	到达	模式	到场时间	测试曲线
纽约州罗彻斯特	伊利诺伊州芝加哥	空气悬挂卡车	12h	H.I = 21.6min L.I = 158.4min
伊利诺伊州芝加哥	加州洛杉矶	铁路	51h	H.I = 10min L.I = 170min
加州洛杉矶	最终收货商　当地运送	板弹簧卡车	2h	H.I = 15min L.I = 45min

注：H.I = 高能/L.I = 低能

图 3-17　根据运输模式和能量水平的测试序列

也建议包装件测试应该在所有相关轴上进行。基于测得的现场方位或者根据 ASTM（2009）和 ISTA（2009）介绍的相关测试标准及程序，在全部三根正交轴上对非集装化运输容器进行评估。

未公开发表的研究建议，确定模拟强度的测试规程能通过确定运输输入能级达到给定的功率密度水平的概率来细化。通过分析记录的现场数据达到特定的 PSD 水平的次数，测试强度水平就能够以百分比值设定于特定的谱处或之下。接着，包装技术人员能够基于 rms_g 的严酷性确定任何给定测试曲线所需的置信度。

图 3-18 采取了相似的解决方案，基于现场实际数据，用零-峰加速度百分比概率显示了一组曲线。

为了确定那条曲线能提供具有与现场实际的破损情况吻合的最佳验证，包装技术人员研究了这些曲线并对随机振动模拟规程作了一些小的改变。

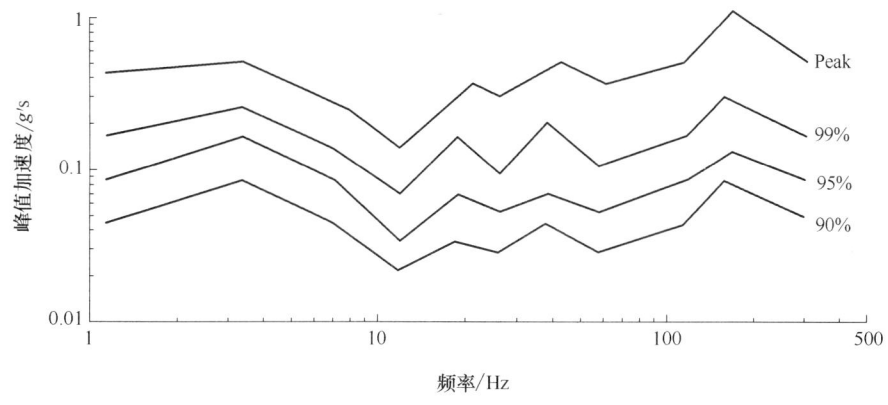

图 3-18　到达振幅的概率

3.6.2 峰度（Kurtosis）

人们也关心测得的现场振动数据之另一特性，即关于数据分析并用模拟曲线表达，那就出现了峰度。峰度表示的是在记录的瞬态峰值加速度出现显著变化引起的振动数据的非高斯特性。

峰度是一个现有测量变化量的指示。低峰度值对应于峰值加速度的低水平变化，而高峰度值表明高水平峰值和更多的低水平峰值。数学上，表示3的峰度水平可在高斯振动数据中找到（Kipp，2008）。

来自振动研究公司的两个记录振动输入的加速度-时间历程如图3-19所示（Van Baren，2005；Kipp，2008）。其中，上图的峰度为3，下图的峰度为7。上图就整个形状和峰值水平来看似乎很均匀。下图有高峰，表明在记录期间高加速度水平占了更多时间。然而，每个图具有相同的G_{rms}强度。此例直观表示了仅依赖平均PSD曲线作为模拟输入的潜在问题。

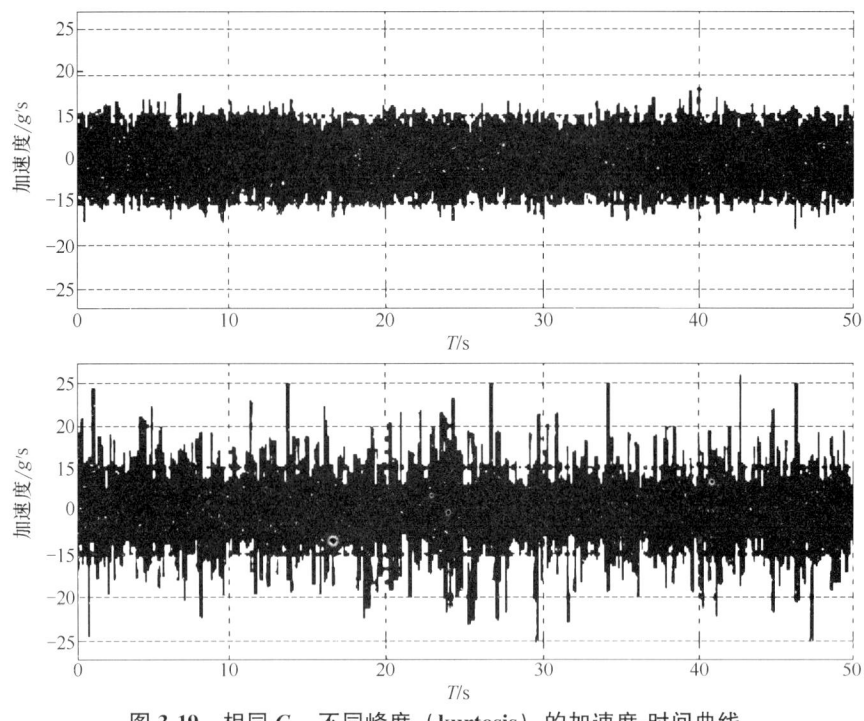

图3-19　相同G_{rms}不同峰度（kurtosis）的加速度-时间曲线

增加模拟加速度峰值，同时维持相同G_{rms}和相同谱的峰度控制法已经提出（Van Baren，2005）。目前这种方法在限制使用，这是因为在实验室模拟中使用的标准软件通常不计算峰度值。另一个值得关注的是，包装实验室没有多少振动控制系统拥有控制峰度的能力。这种方法也在模拟高水平加速度峰值能力方面受限，诸如不常出现在非统计模式中因地面坑洼产生的那些峰值。

3.6.3 非稳态事件

当产品通过流通环境运输时，会经历稳态和非稳态振动事件。稳态随机振动的特点是一组统计参数不随时间变化。如果卡车以恒定速度在平滑的延伸高速路上行驶长的时间时，这种情况会存在。然而，当卡车经历速度或路况变化时，产生的输入就不是稳态的。

处理这些情况的一个理论方法就是把随机振动输入分解为独立的随机高斯元，从统计上来说，可在实验室里再现（Rouillard，2007）。图3-20表示了数据段及其分量的高斯元，第1部分表示振动不活跃期；第2和第3部分表示振幅变化，可能由于车辆速度变化引起的；第4部分表示了高振幅瞬态情况。本程序可通过使用提取分段数据部分的算法用于现行的现场振动数据中。在数学上，此方法已经证明有效，但还没有实验室数据证实其可用性。非常高的加速度事件，如卡车碰到地面上的坑洼，可能难于模拟，因为这一事件时间段是非常短，不可能得出适当的统计参数。

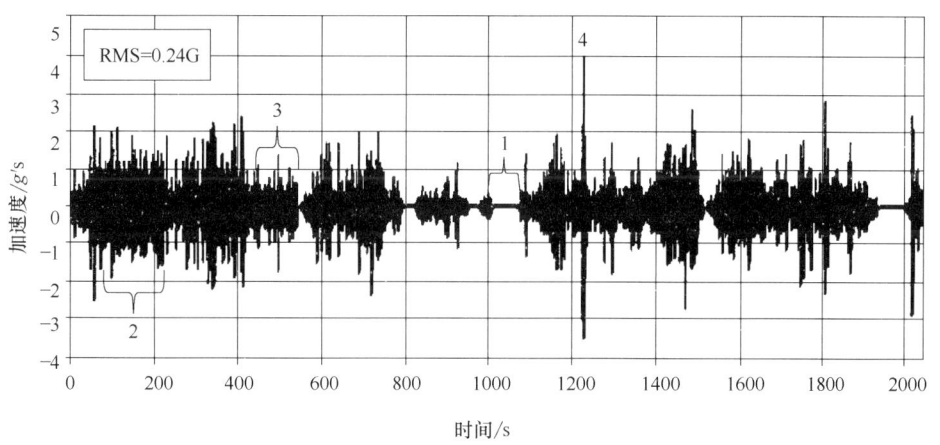

图3-20 高斯分解

3.6.4 随机冲击

为产生有效的随机振动模拟程序而设计的实验方法在前面已经提到了，一个问题是难于再现像路面坑洼、铁路接缝或高速路膨胀接头这样一些输入而触发的孤立高振幅瞬态事件。困难在于确定动力交互作用的最显著性方面。例如，不知道瞬态冲击本身是否会引起破损，或者只是当同时经历稳态振动时包装产品是否易于损坏。目前没有把瞬态输入添加进随机振动曲线的标准程序中。将冲击叠加于随机振动曲线物理上的困难使得大多数实验室里振动控制器不能设计成在这种模式下操作。有人指出，对这种提议方法的初步评估表明，该方法仅在有限的使用中影响包装/产品的性能评价（Rouillard and Richmond，2007）。

3.7　习题

1. 定义区分正弦振动与随机振动的特性。

2. 确定弹簧常数为 1kgf/cm、重量为 0.15kgf 的质量-弹簧系统的临界阻尼系数。如果该相同系统的阻尼系数为 20，是欠阻尼还是过阻尼？

3. 固有频率与受迫频率之比为何值会产生同相运动？

4. 一个固有频率为 20Hz 的产品试样固定在振动台上。若台子在频率 22Hz 处驻留，输入加速度为 $0.5g's$，请确定试样的放大响应加速度和响应位移。

5. 已知 PSD 曲线如图 3-14 所示，确定在 50Hz 处的功率密度、rms 加速度和峰值加速度。如果该曲线代表一真正的随机信号，超过三倍标准方差（3σ）的加速度水平范围是什么？

第 4 章

冲击脆值

4.0 目的

本章聚焦冲击脉冲的性质以及振幅、持续时间和速度变化在确定冲击强度中发挥的作用。冲击和回弹之间的关系取决于回弹系数。当冲击变得更具有弹性时，速度变化就会增加，引起较严重的响应。这些波形与产生的冲击间动力关系导致破损边界曲线的产生和产品脆值的确定。

4.1 冲击脉冲

如第 2 章所介绍的，当落体撞到地面时就会产生冲击脉冲。这些脉冲表现为瞬态、非周期性的动态事件。它们以加速度幅值、持续长短和速度变化为表征。图 4-1 表示了碰撞期间在冲击机上记录的一典型的冲击脉冲。波形分析仪中的软件能确定出半正弦冲击的峰值加速度、持续时间和速度变化。冲击水平会在输入给整体包装产品系统的冲击和产品本身受到的冲击之间变化。如图 4-2 所示，包装系统

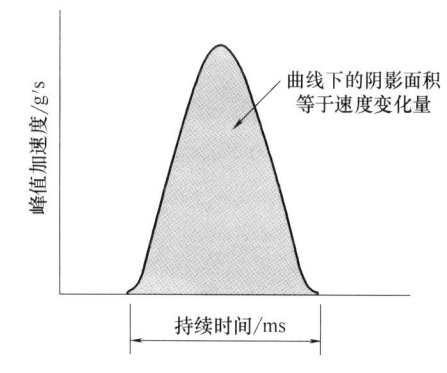

图 4-1 冲击脉冲

的撞击产生一个比产品经受到的脉冲幅值更高、持续时间更短的脉冲。由于包装系统中的缓冲衬垫，产品上响应具有较低的加速度幅值和较长的持续时间。

据估计，当包装产品行经物理流通系统时会经受 1~50msec 的冲击。如果输入的冲击用半正弦来表征，持续时间 τ 就是正弦波周期的一半。最大幅值出现在 $\pi/2$ 弧度处，持续到 π 弧度结束。图 4-3 表示了这种关系。脉冲的等效冲击频率

可依照冲击的周期即持续时间来定义（Brandenburg 和 Lee，2001）。

$$f_i = \frac{1}{T} = \frac{1}{2\tau} \quad (4\text{-}1)$$

式中，f_i——等效冲击频率，Hz

T——周期，ms

τ——持续时间，ms

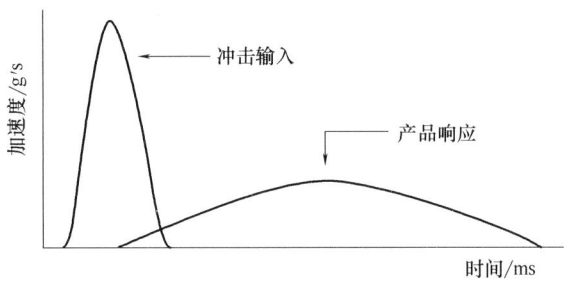

图 4-2 输入冲击与产品响应

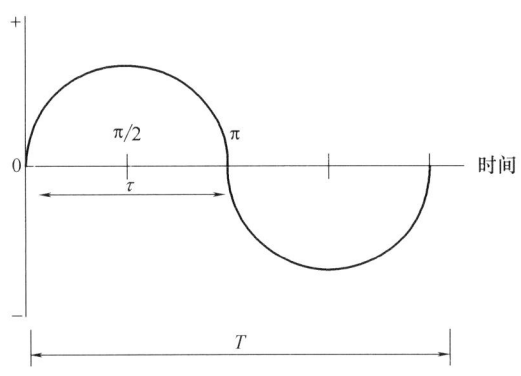

图 4-3 等效冲击频率

4.2 跌落高度

五十多年来，研究人员已经测量和记录了流通环境中的跌落高度。表 4-1 来自 ISTA 公布的程序 1C，它列出了基于包装产品系统对应于重量的跌落高度（ISTA，2009）。

表 4-1　　　　　　　　基于包装重量的跌落高度

包装-产品重量				跌落高度	
大于等于		但小于		自由落下	
lbf	kgf	lbf	kgf	in.	mm
0	0	21	10	30	760
21	10	41	19	24	610
41	19	61	28	18	460
61	28	100	45	12	310
100	45	150	68	8	200

由于搬运环境的变化和复杂性，要注意的是，跌落高度只能在概率基础上来预测。重要的是，在任何给定的流通环境中获得预期跌落高度的相关数据。数据

一旦获得，就能够建立跌落高度概率曲线。图4-4给出了一个定义高于曲线所描绘高度的预期跌落百分比假设曲线。在美国农业部（USDA）的研究"承运商运输环境评估"中，Ostrem和Godshall提出了大量的关于给定跌落高度来记录跌落次数的现场记录。该文献总结了大量的运输现场数据，提供了丰富的早期数据库信息（Ostrem and Godshall，1979）。跌落高度的样本记录如图4-5所示。值得注意的是，图中也给出了给定高度处或低于给定高度出现跌落的累计百分比。比如，在第95百分位，所有的跌落都低于25in.。

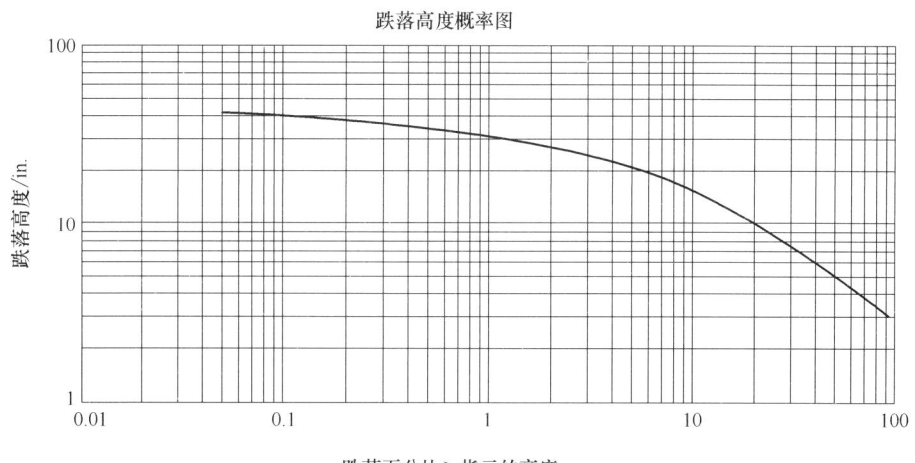

图 4-4 样本跌落高度概率曲线

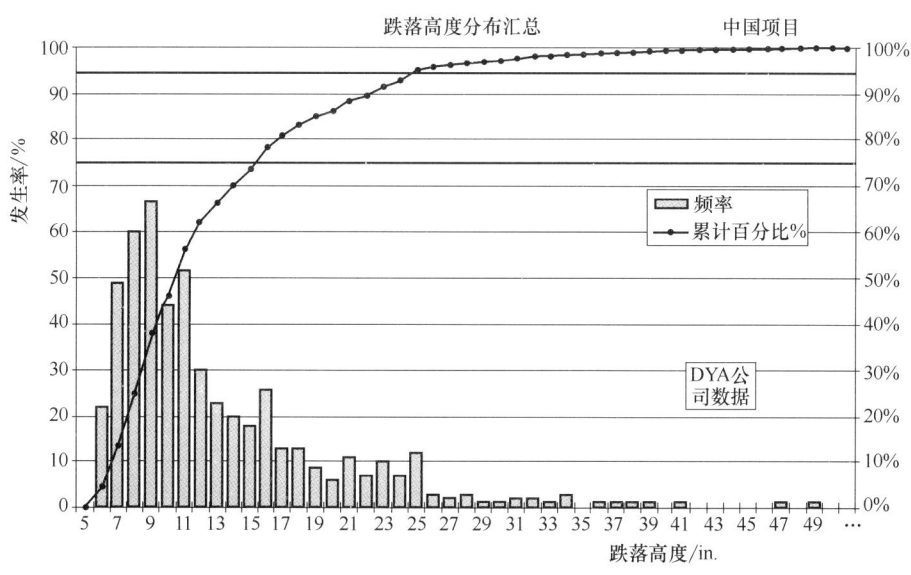

图 4-5 跌落高度——用累计百分比记录的跌落次数曲线

4.3 冲击与回弹

第 2 章讨论了冲击速度 V_i 和回弹速度 V_r 之间的关系。该讨论假定冲击期间为完全弹性,所以有 $V_i=V_r$。我们知道,因为冲击的弹性不会是完全的,实际的冲击不会产生这种结果。弹性程度可由回弹系数 e 来定义。

4.3.1 回弹系数

回弹系数 e 被定义为回弹速度绝对值与冲击速度绝对值之比:

$$e=\frac{V_r}{V_i} \tag{4-2}$$

式中,e——回弹系数

V_r——回弹速度,m/s

V_i——冲击速度,m/s

回弹系数在 0 和 1 之间取值,然而,通常的范围是 0.3~0.5:

$$0<e<1$$

4.3.2 速度变化量

总的速度变化量 ΔV 定义为 $\Delta V=|V_i|+|V_r|$。重写方程(4-2)为

$$V_r=eV_i$$

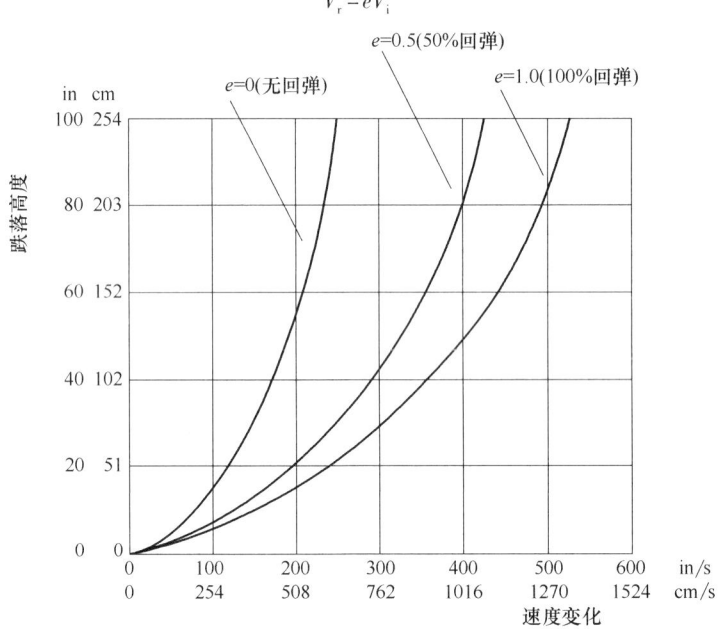

图 4-6 跌落高度与速度变化曲线(不同的回弹系数)

且已知 $V_i=\sqrt{2gh}$，可以推导出方程（4-3）：

$$\Delta V=(1+e)\sqrt{2gh} \qquad (4-3)$$

式中，ΔV＝速度变化，m/s

e＝回弹系数

g＝重力常数，m/s^2

h＝跌落高度，m

由于回弹系数介于 0 和 1 之间，所以速度变化介于

$$\sqrt{2gh}<\Delta V<2\sqrt{2gh}$$

图 4-6 给出的一组曲线定义了根据特定的跌落高度，在所确定的 e 值和对速度变化后续影响之间的关系（ASTM，1984；Schueneman，1996）。

4.4　破损边界曲线

Robert Newton（1968）基于冲击时产品出现的对加速度的敏感性及速度变化，运用破损边界曲线确定产品的脆值。关于此确定脆值的过程作了各种假设。大多数制造的和通过流通环境运输的产品是复杂的机械系统。破损边界确定过程假设产品以其最脆弱的部分，即关键零部件（测试程序中先损坏的部分）来表征。这就大大简化了对产品的评估过程。

测试过程需要使用如图 4-7 所示的可编程冲击机。该机器能改变重复冲击的幅值、持续时间和速度变化参数。幅值和速度变化量是测试程序中要绘图的两个参数。根据安装在冲击机上冲击编程器（冲击发生器）的类型，可以产生各种

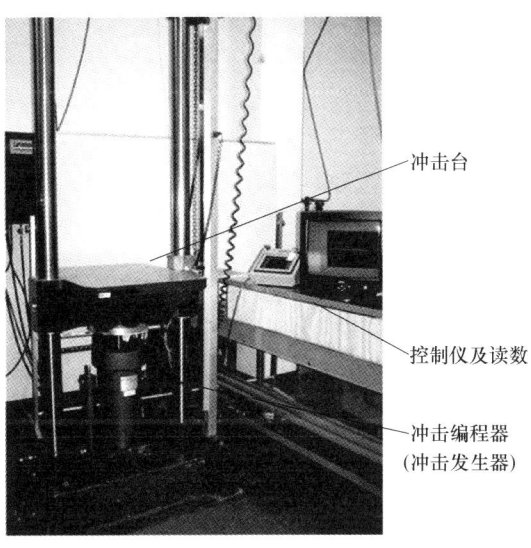

图 4-7　冲击试验机

各样的脉冲形状。图 4-8 表示了五种脉冲：半正弦波、方波即梯形波、三角形波、前峰锯齿形波和后峰锯齿形波，每个都以其一般形状命名。各种各样的脉冲形状在不同的测试规程里都有应用，其中半正弦和梯形波最常用，因为它们用在标准的破损边界测试程序中。

冲击脉冲类型

- 按照一般形状命名
    - 半正弦波
    - 方/矩形/梯形脉冲
    - 三角形脉冲
    - 锯齿形脉冲（前锋、后锋）

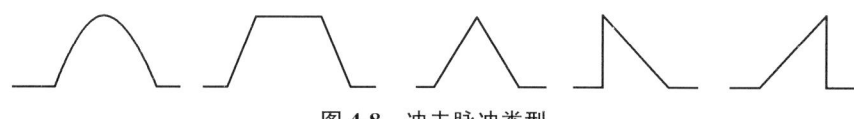

图 4-8　冲击脉冲类型

冲击机工作原理

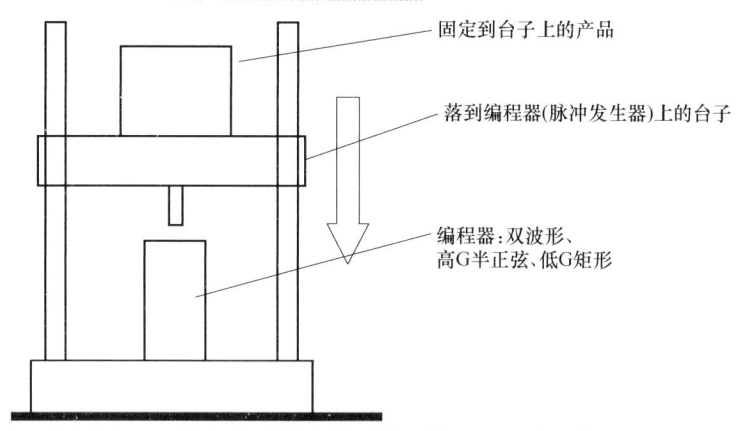

图 4-9　具有双波形编程器（发生器）的冲击机

图 4-9 所示为冲击机的工作原理。产品固定在冲击台上，台子释放落下撞击冲击编程装置。最常用的冲击机编程器（发生器）是双波形的，即用硬塑料冲击汽缸得到短时、高加速度半正弦冲击脉冲。一般来说，半正弦编程器被设计成产生 2ms 的脉冲。增加或除去编程器冲击表面的毡垫方法来分别增加或减小持续时间。这就维持了 2ms 的持续水平。充氮气的气动系统被设计成可产生梯形冲击脉冲。图 4-10 右下部分表明了初始冲击产生的上升时间、加速度处于恒定值的平坦部分和表示冲击事件衰减时间的回弹部分。

冲击编程

- 双波形编程器
- 硬塑料、短持续时间、高 G
- 初始用毡垫
- 梯形波用气动
- 行程活塞

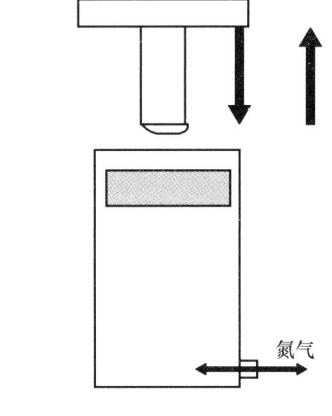

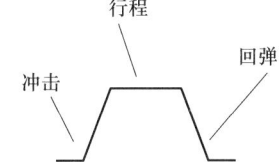

图 4-10 气动编程器（发生器）工作原理

从整个包装动力学文献看，方波冲击脉冲、矩形冲击脉冲和梯形冲击脉冲的名称常常互用。事实上，方形或矩形冲击基本上不可能用机械冲击机产生，这是因为脉冲的上升时间必须是瞬时的。梯形冲击已经表明非常近似了，所以它出现在了破损边界曲线的测试规程中。

所测的冲击响应表明，在大多数情况下，关键零件对输入冲击的响应被放大。冲击放大因子是冲击时出现的峰值加速度响应 G_r 与峰值加速度输入 G_i 的比值。见方程（4-4）：

$$A = \left| \frac{G_r}{G_i} \right| \quad (4\text{-}4)$$

Brandenburg、Lee 和 Burgess 在各自的研究中详细推导出了放大因子。他们表明放大因子 A 也取决于关键零件固有频率 f_n 与输入冲击的频率 f_i 之比。图 4-11 显示了半正弦和方波冲击脉冲的放大曲线。这些曲线表示了放大水平与关键零件固有频率与冲击脉冲频率之比的关系。牛顿指出，这些曲线代表了脉冲的冲击谱（Brandenburg 和 Lee，2001；Burgess，1994；Newton，1968）。Burgess 在表 4-2 中利用沿曲线的选定频率比，也对方波和半正弦冲击的放大因子做了比较。注意到，方波有最大的放大因子，对于大于 1 的所有频率，因子为 2。半正弦波的放

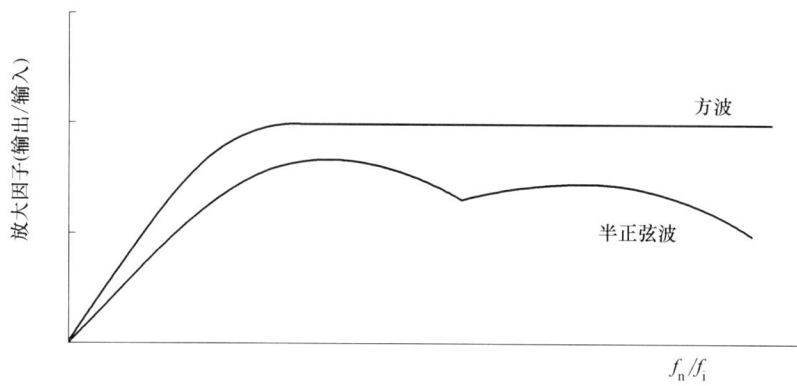

图 4-11 表示放大因子的冲击谱

大因子在频率比 1.62 处达到 1.77 的峰值,在某种振荡方式下放大因子减小,在大于 100 的大频率比处接近于 1。依据波高与波基的关系得到方波的面积较大,说明有较大的放大响应。该因子有助于在确定产品脆值的破损边界评估程序中选方波作为输入波形(Burgess,1994)。

表 4-2　　　　　　　　　　　冲击放大因子

方波		半正弦波	
f_n/f_i	A	f_n/f_i	A
>1	2	>100	1.00
0.9	1.98	10	1.10
0.8	1.90	9	1.07
0.7	1.78	8	1.13
0.6	1.62	7	1.17
0.5	1.41	6.4	1.18
0.4	1.18	6	1.17
0.3	0.91	5	1.08
0.2	0.62	4	1.27
0.1	0.31	3	1.50
0	0	2	1.73
		1.62	**1.77**
		1	1.57
		0.9	1.48
		0.8	1.37
		0.7	1.25
		0.6	1.10
		0.5	0.94
		0.4	0.77
		0.3	0.59
		0.2	0.40
		0.1	0.20
		0	0

代表半正弦波和方波的破损边界曲线如图4-12所示。再次注意到，矩形波即方波表明破损面积最大，表示了最坏情况的冲击情景，所以，这就解释了在破损边界程序中使用矩形波确定临界加速度水平的原因。破损边界曲线的整体形状可以与图4-11所示的冲击响应谱比较。前者基本是冲击谱的倒置。应该注意到，梯形冲击脉冲在物理上不能产生真正的垂直和水平边界，但是十分接近。

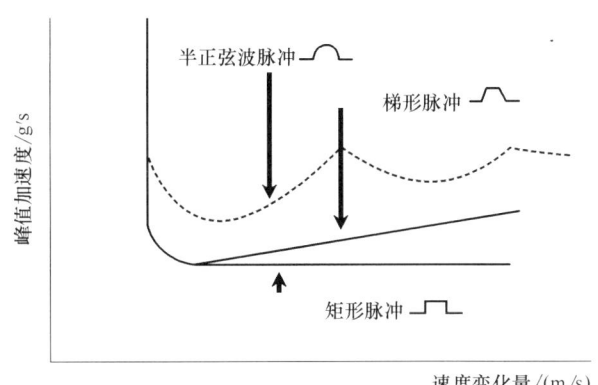

图4-12 各种波形的破损边界

破损边界曲线的 y 轴代表冲击加速度，x 轴代表速度变化量，如图4-13所示。破损边界评估程序自从牛顿1968年最初公开发表以来已经有了发展。目前的方法由两部分组成：步进速度和步进加速度。

破损边界

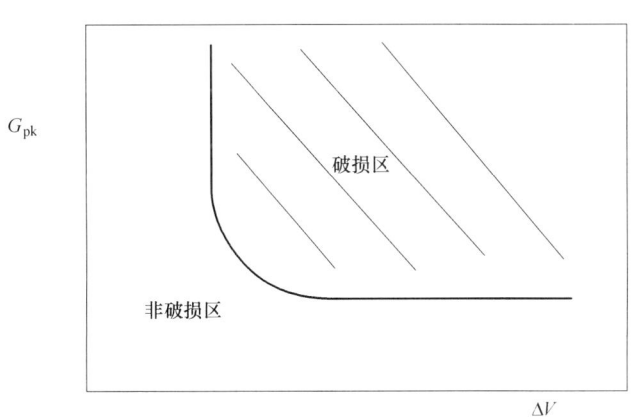

图4-13 破损边界曲线

4.4.1 步进速度部分

ASTM D 3332（2009）提出了生成破损边界曲线的标准方法。该方法的第一步是确定产品关键零件的临界速度变化量 ΔV_c。正像上面所描述的那样，这就需要使用可编程冲击机。在步进速度测试部分，通过编程使半正弦冲击脉冲具有 2ms（0.002s）的短持续时间。借助卡具，使产品刚性连接到冲击台上，并从一系列渐渐增加的跌落高度落下直到关键零件破损。根据加速度（用 g 表示）和速度变化量（用 m/s 表示）描绘每次的冲击脉冲。如图 4-14 所示，生成的一系列绘制点呈线性增加。破损出现就结束了步进速度部分的测试。真正的破损阈位于破损出现的点和前一个点之间的某个位置。确定临界速度变化值的保守方案就是在破损出现之前的最后一点处画一条垂线。为了测定破损边界曲线的水平部分，必须重新设置冲击机。

破损边界曲线实验步骤

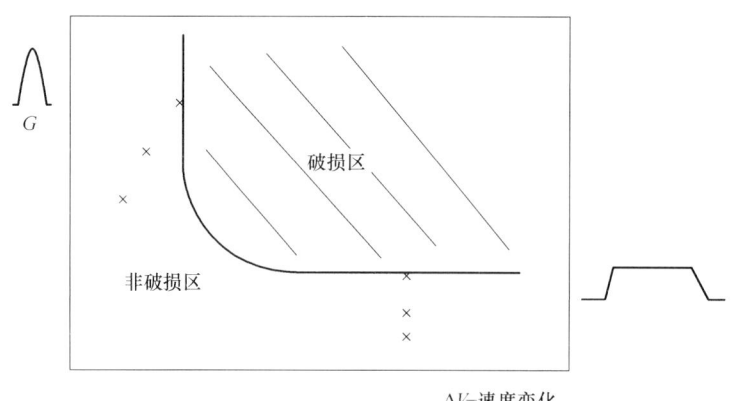

图 4-14　绘制破损边界曲线

4.4.2　步进加速度部分

将冲击机编程器设定成产生一个梯形冲击脉冲。这就靠充有氮气的气动冲击缸来完成：在低的氮气压力处产生长的持续时间及低的加速度冲击，在高的氮气压力处产生较短的持续时间和高的加速度冲击。为了启动步进加速度跌落，第一次测试时冲击机必须设定成产生一个速度变化量超过 π/2 倍的临界速度变化量。可取的方法是常常尝试设置冲击机以便产生的速度变化为临界水平的二倍，从而保证冲击会落在破损边界曲线的水平线上。对于本部分的测试，为了增加加速度和一系列冲击的严酷型，固定跌落高度，只将气缸的压力增加。像前面描述的那样，测试继续直到关键零件的破损观察到。通过破损前的最后一点画水平线。这条线就定义了临界加速度 A_c，被称作为产品的脆值，请再次参考图 4-14。

尽管大多数冲击机利用软件计算并显示速度变化值，但是这些变化值能够根据测得的加速度和持续时间计算得到。方程（4-5）和方程（4-6）分别代表了半正弦和梯形波的速度变化量计算：

$$\Delta V_c = A \times g \times \tau \times \frac{2}{\pi} \quad (4\text{-}5)$$

$$\Delta V_c = A \times g \times \tau \quad (4\text{-}6)$$

式中，ΔV_c——临界速度变化量，m/s

A——加速度，$g's$

g——重力加速度，m/s^2

τ——冲击脉冲持续时间，s

$2/\pi$——形状因子

研发破损边界曲线的最后一步是圆弧过渡。如图 4-15 所示，在两个点（ΔV_c，$2A_c$）和 $[(\pi/2)\Delta V_c, A_c]$ 间用椭圆线拟合。

破损边界曲线建立了关键零件的破损区域。注意到，临界速度水平和临界加速度水平两者必须同时超出，破损才出现。如果一个阈值达到，而另一个阈值未达到，就没有破损出现。

完整的破损评估需要关键零件在流通环境预期的所有方

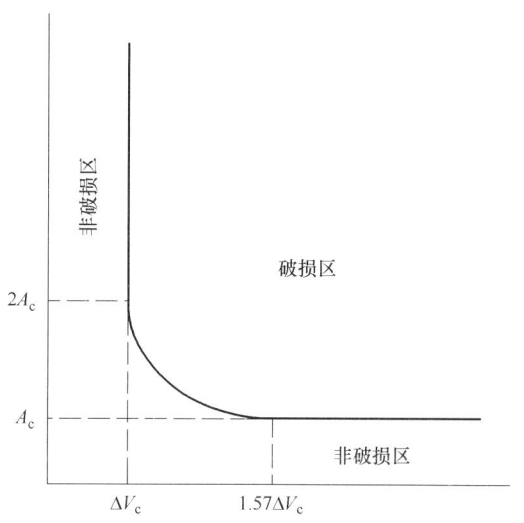

图 4-15 破损边界曲线的构建

位上经历测试。例如，计算机显示器这样的产品在六个可能方位的每一个方位上会有不同的脆值。在这种情况下，包装专业技术人员可建立一个包络边界，如图 4-16 所示，或者仅选择最敏感的方位设计保护性缓冲系统。

虽然破损边界曲线的绘制利用了两个波形，以及就临界速度 ΔV_c 和临界加速度 A_c 建立了破损阈值，但脆值是应用在选择衬垫厚度的唯一临界水平。确定衬垫厚度内容将会在第 7 章里更详细地介绍。像早先介绍的那样，方波会产生最大的放大因子，所以方波已经被选作为脆值测试中的步进加速度部分的波形。

当包装产品经受一个来自于自由跌落冲击时，可运用一些基本方程计算产品零件的理论加速度。已知产品重量、衬垫的弹簧常数和预期的跌落高度，方程（4-7）就定义了产品在衬垫上的最大压缩量（Brandenburg 和 Lee，2001）：

$$d_m = \sqrt{\frac{2Wh}{k}} \quad (4\text{-}7)$$

式中，d_m——最大动态压缩量，m

W——产品重量，kgf

h——跌落高度，m

k——衬垫的弹簧常数，kgf/m

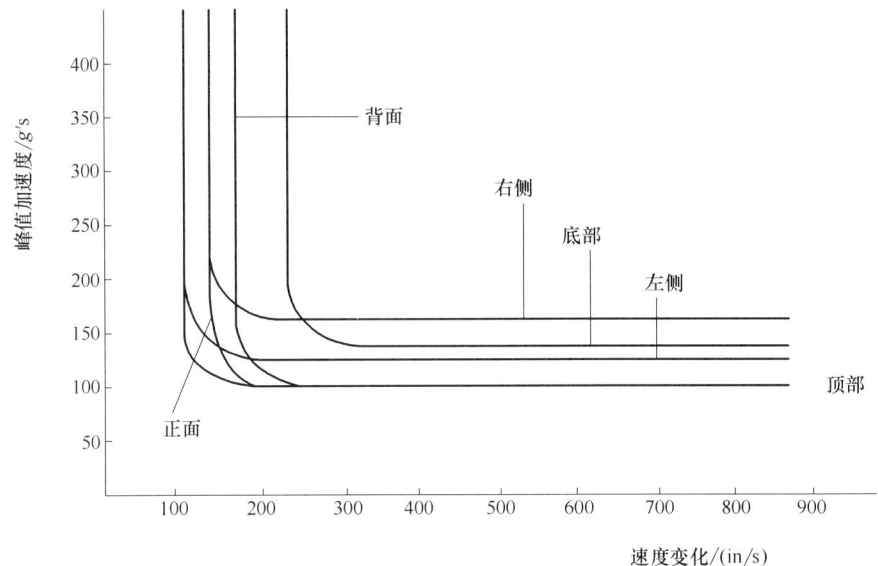

图 4-16 各个方位的破损边界曲线

整个产品由于自由跌落冲击的最大加速度可由方程（4-8）获得：

$$G_m = \sqrt{\frac{2kh}{w}} \tag{4-8}$$

式中，G_m——最大加速度，g's

k——衬垫的弹簧常数，kgf/m

W——产品重量，kgf

h——跌落高度，m

若一包装产品质量 100g，经历一个 60cm 高的跌落，保护产品的衬垫有一个 1000g/cm 的弹簧常数，最大变形量是

$$d_m = \sqrt{\frac{2 \times 100 \times 60}{1000}} = 3.5 \text{ (cm)}$$

包装产品的最大加速度是

$$G_m = \sqrt{\frac{2 \times 1000 \times 60}{100}} = 34.6 \text{ (g's)}$$

如果产品中关键零件有 45Hz 的固有频率，根据表 4-2 所示的固有频率与输入冲击频率的比值可获得放大因子。

输入冲击频率可通过方程（4-1）计算等效冲击频率得到。此时，由于持续

时间 τ 未知，必须先根据方程（4-9）并利用重力常数 981cm/s^2 来计算：

$$\tau = \pi\sqrt{\frac{W}{kg}} = \pi\sqrt{\frac{100}{1000\times 981}} = 0.03\text{s} \tag{4-9}$$

为此，等效冲击频率等于

$$f_i = \frac{1}{2\tau} = \frac{1}{2(0.03)} = 16.67\text{Hz}$$

既然关键零件的固有频率和等效冲击频率都已知，比值就能算得，放大因子就能根据表 4.2 确定。在物理流通环境中的自由跌落通常被认为是半正弦波形，所以，利用该表中的半正弦波部分。该半正弦冲击的频率比是

$$\frac{f_n}{f_i} = \frac{20}{16.67} = 2.7$$

根据表（通过插值），比值 2.7 产生了一个 1.57 的放大因子。所以，输入脉冲 34.6g 的最大加速度被放大 1.57 倍，即 54.3g 的输出，该产品经受了放大的冲击。

4.5 习题

1. 求一个 20ms 半正弦冲击脉冲的等效冲击频率。
2. 已知冲击速度为 200cm/sec，回弹速度为 185cm/sec，确定回弹系数。一个 60cm 高落下的总的速度变化量是多少？
3. 对于一个 200g、20ms 的半正弦冲击脉冲和一个 50g、12ms 的方波冲击脉冲，计算速度变化量。
4. 已知 100g、20ms 的半正弦冲击脉冲，确定固有频率为 50Hz 的一产品试样的放大冲击响应。
5. 已知一产品重 25kgf，从 1m 的高度落到弹簧常数为 1800kgf/m 的衬垫上，求 d_m、G_m、τ 和 f_n。

第5章

动力学理论: 高级篇

5.0 目的

本章将更深度地研究破损评估过程的一些概念,并提供其他方法,以更好地认识产品脆值,也解释了冲击谱(SRS)以及解决疲劳和破损边界的相关问题。

5.1 冲击谱(SRS)

在上一章,作为定义产品关键零件脆值的一种手段,我们研究了破损边界曲线。注意到,脆值评估规程以许多假定为基础,导致了关于产品破损必需的冲击幅值的保守结论。我们也知道,冲击机编程器(发生器)的机械特性可能引起试品的过激励,导致潜在的损坏加剧。当冲击机上的机械式编程器产生的冲击之固有频率大于试品基频共振频率的六分之一时,情况尤其是这样。这种影响对小型机电产品,如计算机硬盘驱动器组件,特别要关注(Henderson,1992)。

单一频率系统的响应

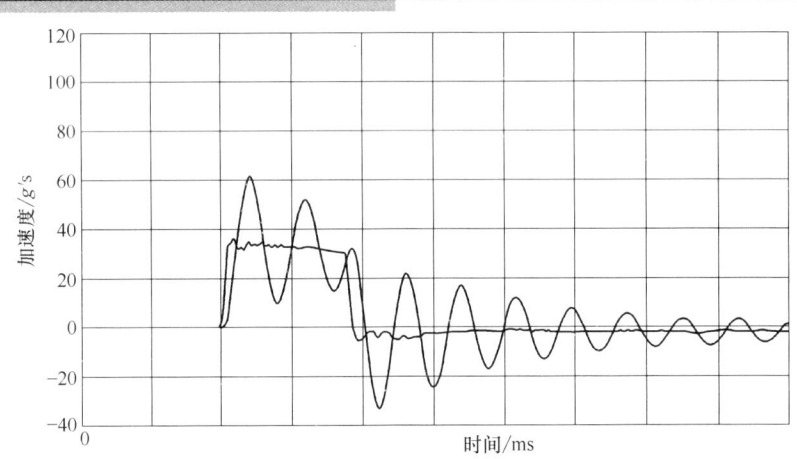

图 5-1 输入和响应冲击脉冲

5.1.1 SRS 图

标准的脆值评估程序是以冲击脉冲分析为基础的。冲击脉冲分析就是绘制输入冲击的加速度幅值与瞬态冲击事件出现的短时间之间的关系曲线，这被称为时域表示法。冲击响应谱表示频域里输入冲击与产品响应的幅值变化，其中加速度幅值是纵轴，而频率是横轴。这就需要两个加速度传感器，一个装在冲击台上，另一个装在产品易于破损的零件上。图 5-1 表示了时域里典型的输入与响应冲击。注意到，下面图形所示的 SRS 图没有像随机振动功率谱密度分析中介绍的用傅里叶理论把冲击脉冲信息转换成频域。而是用 SRS 图确认冲击脉冲的单自由度（SDOF）质量-弹簧系统响应。此理想化的模型意指只考虑一个弹簧和一个质量。图 5-2 所示的是根据图 5-1 输入冲击脉冲的 SRS 图。

生成 SRS

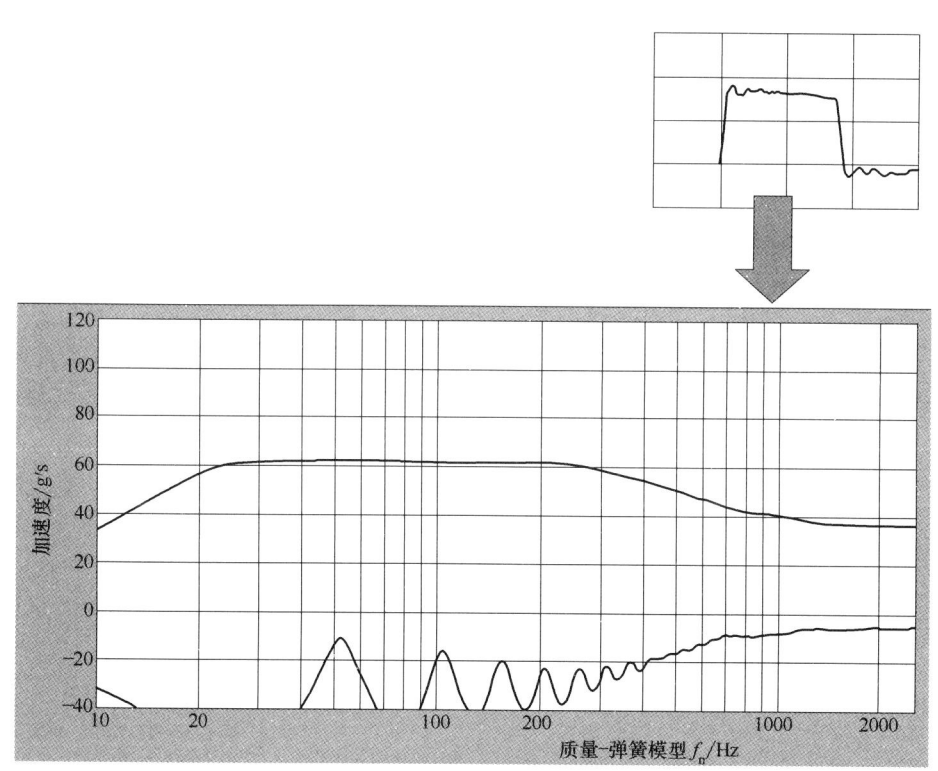

图 5-2　生成的 SRS 图

图 5-3 表示了在半正弦冲击脉冲作用下的一组无阻尼的 SDOF 质量-弹簧系统。每一个质量-弹簧系统对输入冲击的响应都是由方程（5-1）定义的系统固有频率的函数：

$$f_n = \frac{1}{2\pi}\sqrt{\frac{kg}{w}} \qquad (5\text{-}1)$$

式中，f_n——固有频率，Hz
  k——弹簧常数，kgf/m
  g——重力常数，m/s^2
  w——重量，kgf

单自由度质量-弹簧

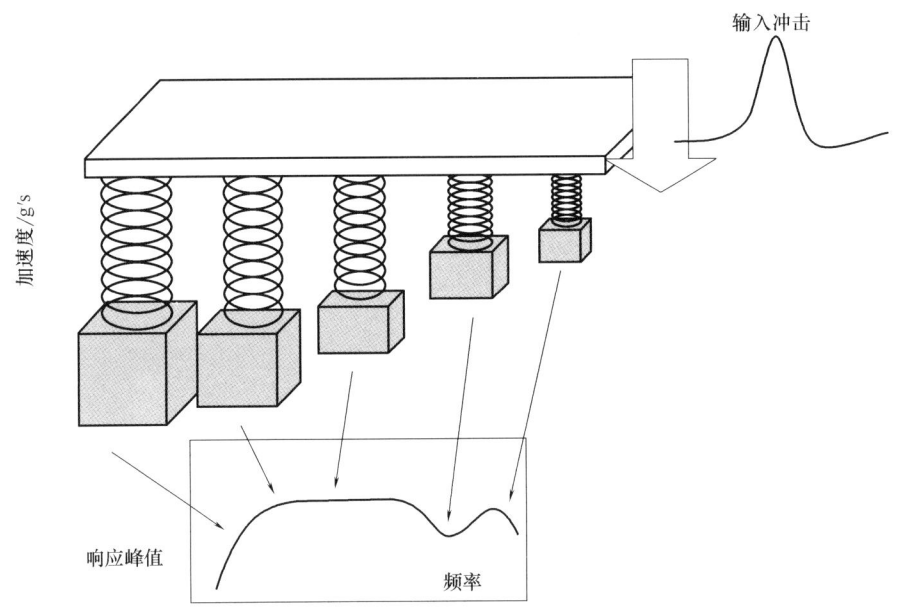

图 5-3　无阻尼单自由度质量-弹簧系统

据观察，刚性大，或者具有高的 k 值的系统会产生紧随输入冲击波形的响应。具有较软弹簧的系统会在更长的时间段里以较低的峰值强度响应。响应比输入大的情况仅出现在冲击脉冲在固有频率处或附近激励的场合。不同的脉冲形状也会产生不同的响应（Goodwin 和 Young，1992）。

构建 SRS 图所需的两个分量是频率和加速度值。对于每个质量-弹簧系统，这两个值都能计算得到。该分析方法使得用很简单的术语可视化复杂的机械情况。然而，理想化的质量-弹簧模型不能完全预期真实冲击事件中一个产品或包装件的实际性能。实际上，所有的质量-弹簧系统都包含阻尼。低水平的阻尼会使系统的响应达到更高的加速度幅值，且多次振荡。在高水平阻尼处，峰响应减小，振荡很快停下来。SRS 分析程序通常设定成欠阻尼情况（Kipp，1999）。ASTM D 3332 建议临界阻尼值为 5%~10%。这个水平的阻尼必须在整个 SRS 测试过程中保持。此测试标准也建议 SRS 分析的频率范围应该从大约 0.5 延伸到大约 10 倍的输入冲击脉冲。这足以能表征和表示该输入冲击的显著响应。图 5-4 表示了添加到质量-弹簧系统上的阻尼（ASTM D3332，2009）。

另一种形式

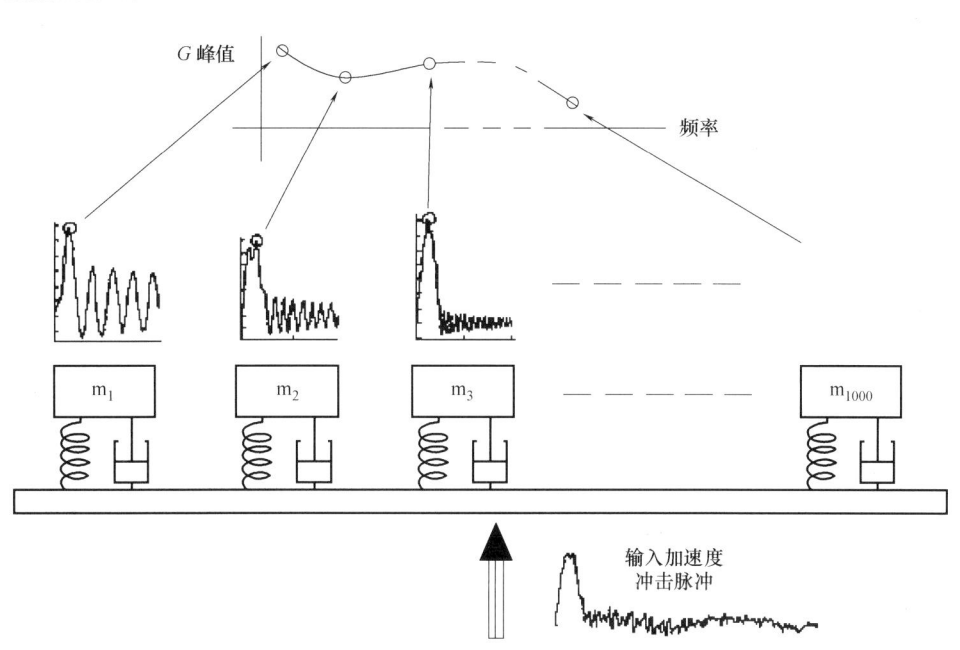

图 5-4　有阻尼单自由度质量-弹簧系统

可以用几种形式来确定和表示 SRS 谱。主谱表示在冲击事件期间的峰值响应；残谱表示冲击事件后的峰值响应；在复合谱（也称为大中取大分析）中，SRS 计算输入脉冲期间或之后出现的最大响应之绝对值。复合 SRS 是包装应用最感兴趣的 SRS（Goodwin and Young，1992；Kipp，1999）。

5.1.2　SRS 运用

ASTM D 3332 标准之附件 A5 介绍了使用 SRS 分析的方法。首先，利用 ASTM D 3332 标准的测试方法 B 进行临界加速度测试。然后，根据未过滤的输入数据，计算导致产品破损的冲击脉冲的 SRS，这被定义为临界 SRS 图，即 S_c。该图与早先程序中产生的临界加速度 A_c 不同。用户设计的包装缓冲垫要能传递 SRS 图上每一频率处低于 S_c 的 SRS 冲击脉冲。因为 SRS 图的峰值加速度常常可能超过 A_c，最终结果会是一个不太保守的衬垫设计，从而减少了整个包装材料的使用量。

附件 A5 也建议，若破损零件的固有频率已知，或者能通过经验法确定，对于约低于 1/2 到 2 倍的破损零件固有频率的频率范围，由衬垫所传递的冲击脉冲的 SRS 只需要低于 S_c。衬垫 SRS 在其他频率区域可能超过 S_c，S 也可能在产品不易破损的区域超过 S_c。

SRS 对测试规范和测试验证来说是一个有用的工具，因为它聚焦了产品对预期输入冲击脉冲的响应，同时有效增加了试验的重复性。冲击机脉冲的 SRS 分析也有助于确定产生的脉冲是否会引起使产品零件共振异常情况或不良的激励水平（ASTM，2009）。

5.2 疲劳破损边界

确定产品脆值的标准方法要求测试的产品经历一系列的渐增严酷性水平的冲击。由于重复冲击的累计效应，某些产品易于过早失效。我们已经观察到，许多工业产品有延展性，由于其结构的塑形变形而失效，遭受疲劳破损。即使冲击程度相同，但该疲劳会变成引起破损的一个因素。对于这样一类产品，重要的是确定流通环境中预期冲击的次数。如果在脆值试验程序中遇到的冲击在实际运输中没有遇到多少，就要对试验脆值的水平加以调整（Daum，1999，2001）。

5.2.1 降低临界加速度

将可能的疲劳特性并入试验程序中的简单方法就是进行标准的破损边界测试，找到产品零件的临界加速度，然后，利用梯形冲击编程器（发生器），按照临界加速度的不同百分比在冲击机上进行冲击试验。在此程序中，具有临界加速度水平幅值约 70%~90% 的梯形冲击脉冲在试样上重复产生直到失效。传统的破损边界测试结果如图 5-5 所示。图 5-6 表示了在低于预先确定的临界水平的加速度处重复跌落的结果。该图显示了依照上面建议方法测试样品的一组曲线。在标

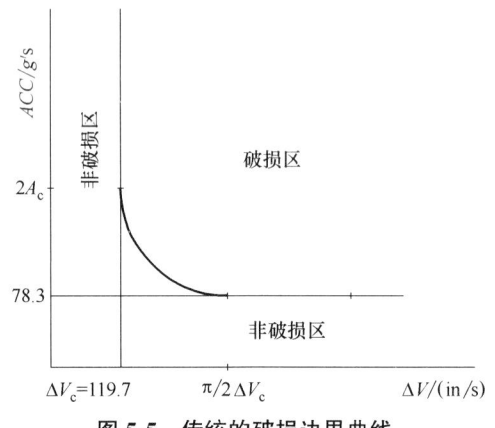

图 5-5 传统的破损边界曲线

准的破损边界测试中,发现临界加速度 A_c 为 78.3g。接下来,设定输入加速度水平在 70% 的临界加速度处,试品在维持破损前平均经历了 11 次冲击。在 90% 的临界加速度处,只需要平均 3 次冲击就引起破损。为了更有效地运用保护性包装,根据流通系统中测量的或预期的跌落次数可绘制出一组临界加速度水平(Goodwin,2003)。

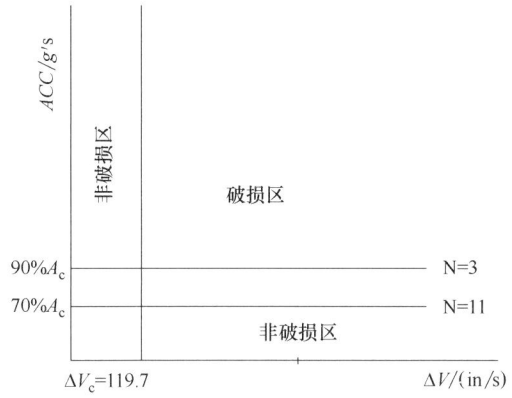

图 5-6 疲劳破损边界曲线

5.2.2 跌落次数与材料性质

评估疲劳特性的另一种方法,也是比较在不同程度冲击振幅下产生破损所需的跌落次数。延展性破坏模式定义了产品跌落失效的次数、临界速度变化和临界加速度之间的关系。图 5-7 表示了含疲劳破损的破损边界曲线族。

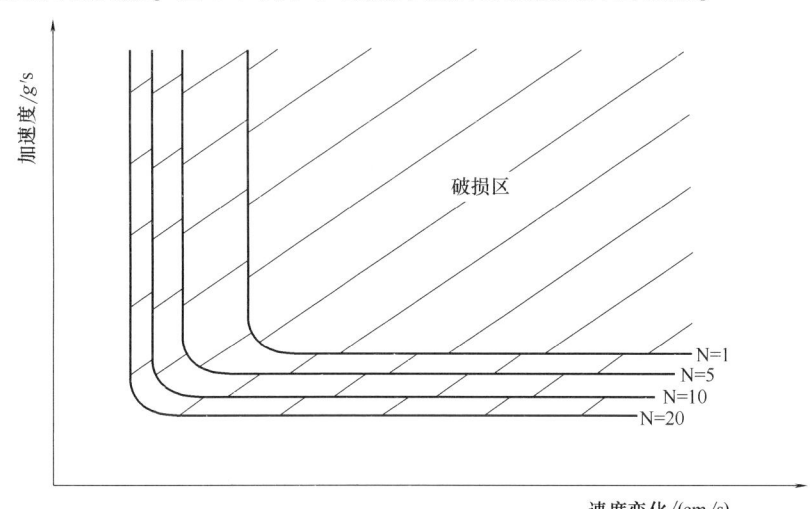

图 5-7 延展性疲劳破损边界曲线

临界速度变化 ΔV_{cr}、临界加速度 G_{cr} 与跌落次数间的关系如下面方程所示:

$$\Delta V_{cr} = \sqrt{2g\left(A+\frac{B}{N}\right)} \tag{5-2}$$

$$G_{cr} = p\sqrt{\frac{2A}{g}\left(\frac{A+\dfrac{B}{N}}{2A+\dfrac{B}{N}}\right)} \tag{5-3}$$

在上述方程中，N 表示跌落次数，$p = 2\pi f_n = 2A_{cr}/V_{cr}$。$A$ 和 B 是无量纲材料性质，与特殊零件的延展性有关（Burgess，1988，1996）。

疲劳问题也可以通过包含一个 SRS 算法评估某些产品延展性的模型来解决。已经有人提出了一个根据自由落体测试，利用 SRS/疲劳程序预计任何输入冲击下跌落失效的实验方法。该方法免去了需要冲击机构建疲劳破损边界曲线（Daum，2004）。

5.3 习题

1. 冲击谱（SRS）图表示的是加速度与频率而不是加速度与时间的关系。与振动的 PSD 曲线比较，对于冲击输入，如何从时域转换成频域？
2. SRS 图中主谱和残谱的区别是什么？
3. 定义一个解释非线性关键零件破损边界评估中疲劳的过程。
4. 描述一个解释给定关键零件由于不同冲击方位而导致的不同脆值的方法。

第 6 章 保护性包装研发过程

6.0 目的

本章将介绍保护性运输包装研发的一般流程。

对于不同产品、不同产业和产品生命周期的不同阶段，尽管流程有点不一样，但总体上有许多相似性。该流程如图 6-1 所示。

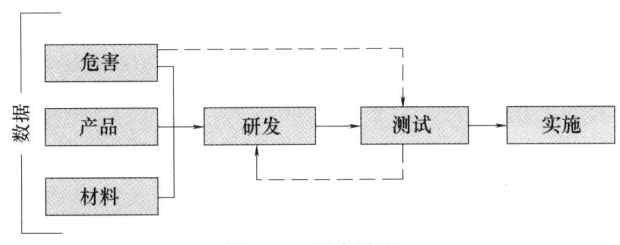

图 6-1 研发流程

广泛适用于不同产品和情况的研发流程已经由 ASTM 国际包装委员会 D-10 编纂于文件 D 6198 中，即运输包装研发标准指南（2007）。

6.1 使用的数据类型

运输包装研发过程以数据驱动。最近 30 多年来不断发展的技术与方法现在使得做出好的设计决策所需的大多数信息量化了。量化是关键，次数越多，依赖次数的决策就越好。数据类型可分成三大类：流通中危害数据、产品坚固性和脆弱性数据以及包装材料及包装数据。

6.1.1 流通中的危害

流通中的危害总体上含四类，每种危害对研发过程都很重要。它们是冲击（含撞击和跌落）、振动、压缩载荷和气象条件。这些危害对安全运输和产品完整性是个威胁，所以必须详细应对，以确保满足性能目标。有关这方面的内容请参见第 8 章和第 9 章。

6.1.2　产品数据

产品数据依照产品特性，如尺寸、重量，以及更复杂的结构，如产品脆值，进行操作。更多信息参见第 10 章、第 11 章和第 12 章。

6.1.3　包装材料数据

包装充当相对脆弱产品和相对不利及危险流通环境之间的临时中介。这些包装材料及包装的性能是重要的数据。材料性能导致设计细节。更多的信息在第 7 章。

6.2　产品坚固性

安全运输、无损伤产品、低系统成本及影响、客户和利益相关方满意：所有这些目标只有通过团队努力才能达到。产品本身是团队的一个重要元素。产品的坚固性、对损伤的固有防御性显著提高了整体性能。结实产品在流通中需要的临时包装保护较少，软弱产品则需要更多保护。为流通设计良好的产品也可能更适合其预期用途。作为部分包装研发过程，这个更高水平的产品质量是理解和量化产品特性额外的潜在效益。

6.3　包装设计

将数据整合到一个统一的包装设计中是这里概述的流程目标。第 7 章、第 13 章、第 14 章和第 15 章将更详细地讨论设计和研发过程。

6.4　性能评估

每个包装件在其研发周期里，通过流通环境运输到客户或在实验室进行运输前实验的方式预先接受测试。实验室评估的优点是显然易见的：能控制关键变量，且结果可能与特定的输入有关。一旦评估阶段成功，包装就进行到实施阶段。更多的信息参见第 17 章、第 18 章和第 19 章。

6.5　反馈

图 6-1 表示了两个反馈信息流，一个为从危害数据到测试，一个为从测试到研发。在有关流通危害信息中，冲击、振动、压缩载荷和气象条件可能用于为实验室评估建立序列及测试水平，使得试验更能模拟现场的条件。更多信息参见第

9 章和第 20 章。

包装产品测试的结果对在研项目和未来的工作方向来说是重要数据。当前，如评估结果不满意时，结果会被反馈到研发阶段，在那儿做适当的重新设计变更。改进后的包装件再次经受测试并进入到实施阶段，或退回作进一步改进。

随时间的评估历程及产品对未来的项目是有价值的信息。过往的结果如果以易于搜索的格式提供，那么，不管结果正误，都可以用过去那些技术对类似产品提供最有效的指导。

第7章 缓冲垫

7.0 目的

本章介绍了使用缓冲材料保护产品免受来自流通环境动力学危害的方法，解释了衬垫吸收能量的机理，介绍缓冲系统的类别并比较它们的特性，还描述了缓冲垫设计过程和给出产品保护各种方案的举例。

7.1 缓冲基础

缓冲垫填充了产品物理完整性和流通系统危害水平间的空隙。衬垫在冲击力或动态振动作用下通过变形吸收能量。

方程（7-1）定义了由于一次冲击的加速度引起衬垫系统产生的变形：

$$D = \frac{2h}{G} \tag{7-1}$$

式中，D——变形，即衬垫工作长度，mm

h——跌落高度，mm

G——冲击加速度，g's

当冲击发生时，衬垫变形吸收能量，很像第三章讨论的阻尼机理。衬垫设计的目标就是研发一个变形所需的距离的缓冲系统，而不改变缓冲材料特性。若衬垫太硬，衬垫不会产生足以吸收冲击能量的变形，冲击会传递给产品。若衬垫不足够硬，衬垫就会触底，冲击能也会传递给产品。

衬垫能承受且还能维持其特性的变形量称作为工作长度。典型的缓冲材料不出现触底（触底后会影响缓冲材料的性能）的变形量约为总厚度的50%。对于所有常用的包装缓冲材料的变形范围，即工作长度为25%~75%（Young，2005）。

例如，如果一产品脆值为20g，在600mm（24in.）处落下时必须得到保护，衬垫的工作长度可利用方程（7-1）确定。

$$D = \frac{2 \times 600mm}{20} = 60mm$$

即求得工作长度为 60mm（2.4in.）。那么，衬垫的总厚度可以根据下面的关系来确定：

$$工作长度(WL) = 变形百分比 \times 总厚度(TT)$$

如果上述例子中的衬垫材料具有一个 50%总厚度的工作长度，为了提供适当保护产品的衬垫总厚度就需要将免受冲击的 60mm（2.4in.）加倍即 120mm（4.8in.）。

像第 2 章描述的那样，衬垫的弹簧常数可表示为载荷/变形曲线的斜率。因为缓冲材料通常被假定为线性的，所以，得到的图为一条直线（前面第 2 章图 2-11 所示）。图 7-1 描绘了具有初始弹簧常数 k 这样衬垫的载荷-变形曲线。注意到，b 点为衬垫触底处，斜率经历了一个突然的增加，衬垫材料的弹簧常数已发生了改变。Mindlin 在包装缓冲特性的经典讨论中将该响应定义为双线性。压缩力了衬垫的密度，从而导致了材料变得更硬。从 b 点到 c 点，新的弹簧常数为 k'（Mindlin，1945）。

Mindlin 也提出了非线性缓冲系统供考虑。图 7-2 比较了两种这样的系统，它们的力-位移曲线代表了垂直正切和双曲正切响应。要注意的是，垂直正切曲线反映了衬垫的硬化，随着衬垫上的力增加，观察到的变形较小。双曲正切曲线则表明了衬垫的软化，变形量随着力增加实际上在增加（Mindlin，1945）。一般地，衬垫用刚度来表征。刚度取决于材料的类型和密度、衬垫承载产品的面积和衬垫的厚度。

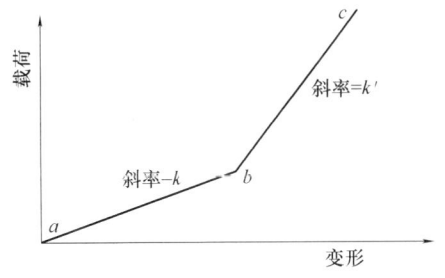

图 7-1 双线性载荷-变形曲线

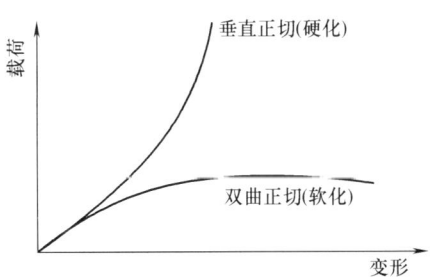

图 7-2 非线性弹簧的载荷-变形曲线

7.2 缓冲材料

许多类型的衬垫可用于保护性包装设计。常用的一类缓冲材料，如松散填料或各种填充物，像聚苯乙烯颗粒、碎纸或皱褶纸、加工成形的纸板和其他类似的材料，所有这些用于填充产品周围的空隙。通过使产品与运输容器壁的接触间隔开，这些填充物也可用于防止产品表面的磨损。这些材料尽管便宜，但是性能的一致性不好：移动、难于填充以及流通中其性能好坏受周围湿度条件影响大。

另一种类型的缓冲材料由瓦楞纸板构成。瓦楞纸板还用作运输容器的主要材料。这就意指运输容器实际上有助于包装产品的动态缓冲。该材料可以模切件或折叠插页件的形式帮助运输容器中产品的定位或增强堆码强度。瓦楞纸板便宜、可循环、生物可降解，是良好的减震器。随着多次撞击和湿度的增加，瓦楞纸板性能确实会恶化。

除了瓦楞运输容器提供的固有阻尼机理外，瓦楞纸板也能制成缓冲系统。这就可通过组合一层层纸板成材料块，随后受到压缩力作用，产生一个材料的永久性变形。这些多层块可以切割成形，以适合产品外轮廓，使产品固定于容器里，从而免受流通中的动态冲击和振动。

有一种形式的预压瓦楞衬垫已经有学者研究，并发现其缓冲特性相似于发泡聚苯乙烯（EPS）。恢复后，预压瓦楞衬垫具有与 EPS 同样的软缓冲特性，在荷载下也能展示小的滞后作用。在制作这样的衬垫结构时，施加于材料的压缩载荷会压溃瓦楞原纸的楞结构。虽然压溃最初减小了层置块总的阻尼能力，但当受到附加载荷应力（如冲击）时，结构变得相当稳定。试验已经表明了该材料应用的可预测保护性能。空气通过预压瓦楞结构瓦楞部分的流动，衬垫便提供了减速冲击运动。Minett 表明，遇到冲击，衬垫结构中较高的楞形会导致低的峰值加速度。他还确定了该结果是气压形成、瓦楞几何形状和空气流经瓦楞的摩擦限制的函数（Minett and Sek，2002）。

随后的研究发现加皱褶插入物能延长衬垫的性能。未被预压的单元附加到多层结构上能缓解流通中发生的更大的、不经常的冲击。Sek 发现对于极端的冲击事件，皱褶插入物能降低整体冲击响应谱，延长多层衬垫的静载范围，允许跌落高度显著增加。

当遇到重复冲击时，预压应变量会影响多层衬垫的性能。在 95% 的应变下预压的衬垫在 35 次冲击后，峰值加速度增加 20%。当在 80% 的应变下预压时，35 次的多次冲击之后，峰值加速度水平增加三倍。研究建议，在给定的流通环境中，最佳的静力范围能够基于预期的冲击次数来确定（Garcia-Romeu-Martinez，Sek 和 Cloquell-Ballester，2009）。

另一种基于纤维的缓冲材料来自于纸浆模的开发。对更可持续包装系统关注的需求已经重新引起对循环再生纸浆模制而成的衬垫的兴趣。但人们认为该材料在性能方面有些不太一致。纸浆模作为电子产品保护性缓冲方案的使用方面已经有了研究结果。一项研究建议，更新的成型技术能产生衬垫构型，从而获得更多可重复的性能属性。另一项研究表明，将肋骨应用于设计能使纸浆模衬垫的性能增强。肋骨的面积和形状是材料整体性能的确定性因素（Yonggang，Keqin 和 Liyan，1997；Marcondes，1997）。

纸板也能够制成称为蜂窝纸板的结构性材料。这种独特的材料基于"三明治"构型，由两个薄的牛皮面纸和一层具有相同纤维基的厚但轻质的芯构成。

该衬垫有高的的强度与重量比和刚度与重量比。由于重量轻，自从二十世纪 40 年代以来，铝质蜂窝已经应用于航空工业。然而，由于对可持续包装材料及其组成的关注，蜂窝纸板在包装上的应用兴趣日益高涨。一些性能数据以传统缓冲曲线的形式运用（Guo and Zhang，2004）。

7.2.1 开孔泡沫

一种很常见的缓冲材料是以固体形状生产的。该类衬垫通常由泡沫树脂材料构成，分为开孔泡沫或闭孔泡沫。

泡沫衬垫的开孔种类是通过发泡工艺创建网状胞元的方式生产出的。冲击时，衬垫受压缩，空气流经相连的胞元结构并排出。此流动黏性会对动态压缩提供阻力，从而确定了这种材料的缓冲能力。如果开孔泡沫用较小的胞元制造，衬垫压缩量不会太多，触底现象不会出现。这是由于有更少的空气从材料中排出。在一定体积下，较小胞元也增加了材料的用量，使材料更密实，冲击下不太能压缩。具有小胞元的开孔泡沫之性能很像闭孔泡沫。制造开孔泡沫常用的树脂是聚氨酯（Burgess，1994）。

7.2.2 闭孔泡沫

闭孔泡沫是使空气封闭在材料结构中制造工艺导致的结果。该材料冲击时通过压缩封装空气吸收能量。小胞元材料更密实并更硬，即有更高的弹簧常数。闭孔泡沫比开孔类能提供更好的热保护。用于闭孔泡沫衬垫生产最常用的两种树脂是聚乙烯（PE）和发泡聚苯乙烯（EPS）（Burgess，1994）。

7.3 缓冲曲线

缓冲材料的特性通常以缓冲曲线的形式表示。这些曲线代表了流通时缓冲材料吸收冲击或振动输入的能力。

7.3.1 缓冲衬垫

冲击保护用的缓冲曲线开发过程是这样的：从一个给定高度将一个重盘跌落到被切割成块状的缓冲材料试样上。由此得到的曲线仅仅是针对该测试高度的。对于每一个所需的测试跌落高度，必须研制新的曲线。压盘上的重量随着每次连续跌落被逐渐增加。记录冲击的峰值加速度，可以把峰值 g-水平与负载材料的静应力关联起来。

方程（7-2）定义了载荷作用下的静应力。

$$S_t = \frac{W}{S} \tag{7-2}$$

式中，S_t——静应力，kPa
　　　W——衬垫上载荷，kgf
　　　S——衬垫的承载面积，cm^2

静应力的公制单位是千帕（kPa）。对于英制，转换公式是 1psi=6.9kPa。已知 $1kgf/cm^2 = 98.1kPa$，一个重 5kgf（11lbs）的产品搁置在衬垫上，承载面积为 $100cm^2$（$15.5in^2$），其静应力为 $0.05kgf/cm^2$（0.71psi），即相当于 4.9kPa。

因此，静应力可通过搁置于静止不动的衬垫上的重量来确定，比冲击时所经历的动态载荷要小得多。图 7-3 表示了 2in 厚的材料，从 24in 高度跌落的一典型的缓冲曲线（用英制绘制）。

典型缓冲曲线

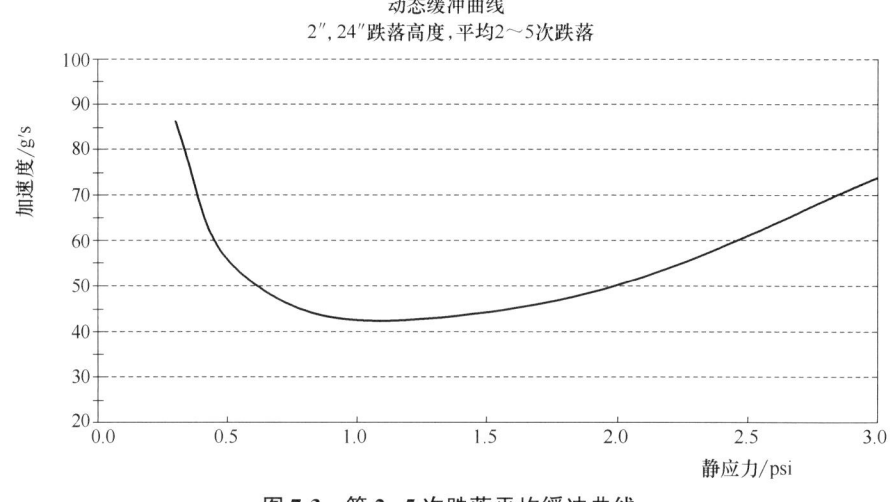

图 7-3　第 2~5 次跌落平均缓冲曲线

第一次冲击时衬垫的性能最好（传递最小的冲击加速度）。材料破损后性能会有些变化。研发缓冲曲线过程中，第一次冲击的曲线通常被弃用或单独显示。图 7-4 表示了一组缓冲曲线。这些曲线是根据静应力的载荷范围绘制的峰值加速度。于是，冲击时的动态载荷作为加速度水平被记录。注意到，这些曲线代表了在静载荷范围内的第 1~5 次跌落的加速度。很显然，第一次冲击在静载范围里传递最低的加速度水平。第 2~5 次冲击显示加速度几乎逐渐增加。为此，颁布的缓冲性能曲线通常单独展示第一次冲击，作为一个平均图来显示第 2~5 次冲击。这就是说包装产品流通时很可能会经历多次冲击（Schueneman，1996）。

同时要注意到，典型的缓冲曲线确定的是平跌落时产生的加速度水平。我们通常在缓冲设计中使用该数据，因为它反映了最坏的动态冲击形式。当包装件角

第 7 章 缓冲垫

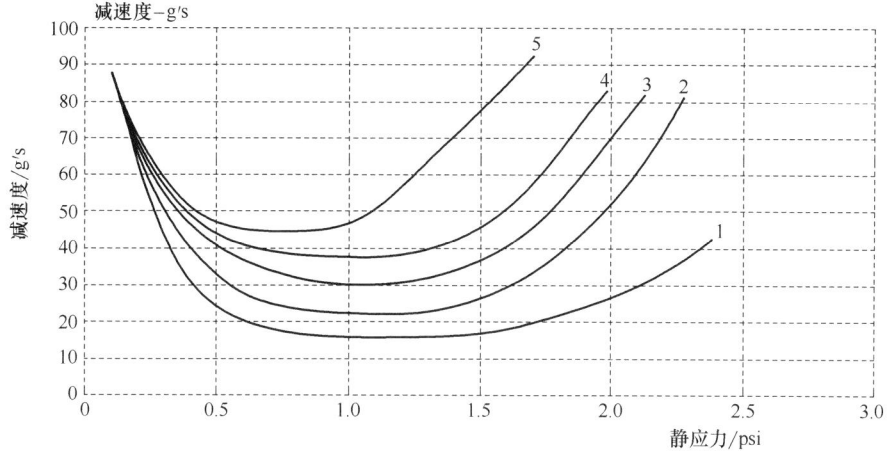

图 7-4 第 1~5 次冲击的减速度-静应力曲线

或棱受冲击时，通常使瓦楞纸板制成的运输容器会压溃并增加系统的整体能量吸收。非平着冲击时包装件的转动也会消耗冲击能量的很大部分。

重要的是要知道载荷下衬垫会蠕变，即慢慢压缩，厚度随时间丧失。厚于 3in 的衬垫最易于经历这种过程。像本章前面提到的，在性能因子作改变前，根据容许的变形百分比，缓冲材料具有一个工作长度。ASTM D 2221 (2009) 提供了缓冲材料蠕变特性的测试方法。

图 7-5 表示了从高度为 24in 处跌落受到冲击的衬垫材料厚度为 2in 的缓冲曲线。该曲线代表了第 2~5 次跌落的平均加速度。

缓冲曲线区域

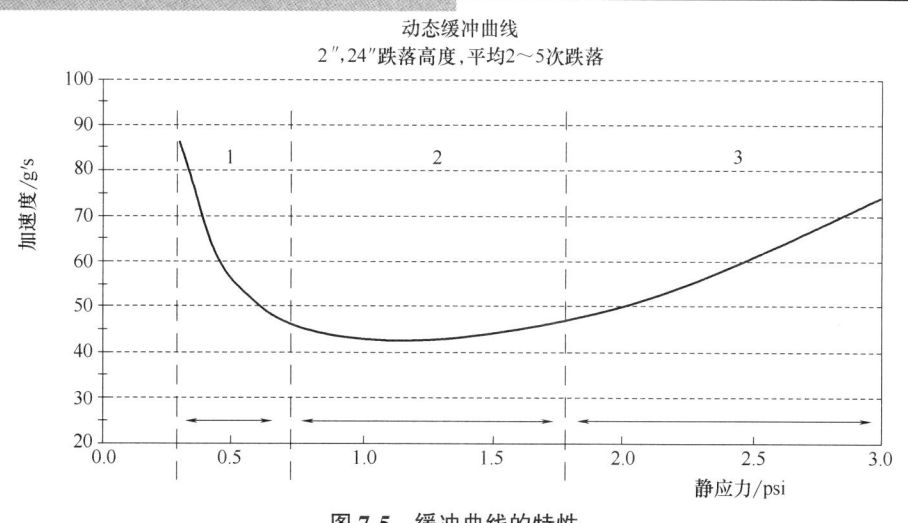

图 7-5 缓冲曲线的特性

如图 7-5 所示，缓冲曲线具有不同的性能区域。在曲线左侧的区域 1，由于衬垫太硬（载荷有高的 k 值），加速度高，在较轻的载荷作用下不会变形。在曲线中间的 U 形区域，即区域 2，反映了最低的加速度，也就是曲线上的最低点，代表了最佳载荷。在图中，最佳载荷约为 1.1psi，对应的加速度水平大约 $42g$，这是衬垫性能最好的地方。在区域 3，加速度再次升高，如没有足够的材料厚度，衬垫会触底。后面会介绍到，衬垫设计者会想办法允许以最好性能范围的方式来设计衬垫构型。

上面所示的曲线是根据特定的缓冲材料、试样厚度、特定的跌落高度和确定的加载范围而定义的。颁布的缓冲数据可从材料供应商那里得到。冲击事件更多的理论讨论能在 Mustin 的工作里找到（Mustin，1968）。

图 7-6 示意了基于性能数据选择合适衬垫厚度的方法。在给定的五种不同厚度材料中，将第 2～5 次从 30in 高度跌落所传递的加速度水平进行平均，记录其中的每一种性能。如果加速度的目标水平是 $30g$ 或者以下，那么，仅有 4in 和 5in 厚度的衬垫能提供充分的保护。惯用的方法是选择最接近于限制加速度水平的厚度作为最划算的包装设计。所以选 4in 厚的衬垫，位于 $30g$ 以下加速度水平的曲线部分定义了静载范围，即从约 0.6 延伸到 1.8psi。为了最佳保护，用作缓冲垫设计基础的静载会是曲线上的最低点，即 1.1psi。若静载设定为 1.8psi，那就是最经济的设计。因为这会产生最小承载面积的衬垫，利用了最少的材料。缓

运用缓冲曲线

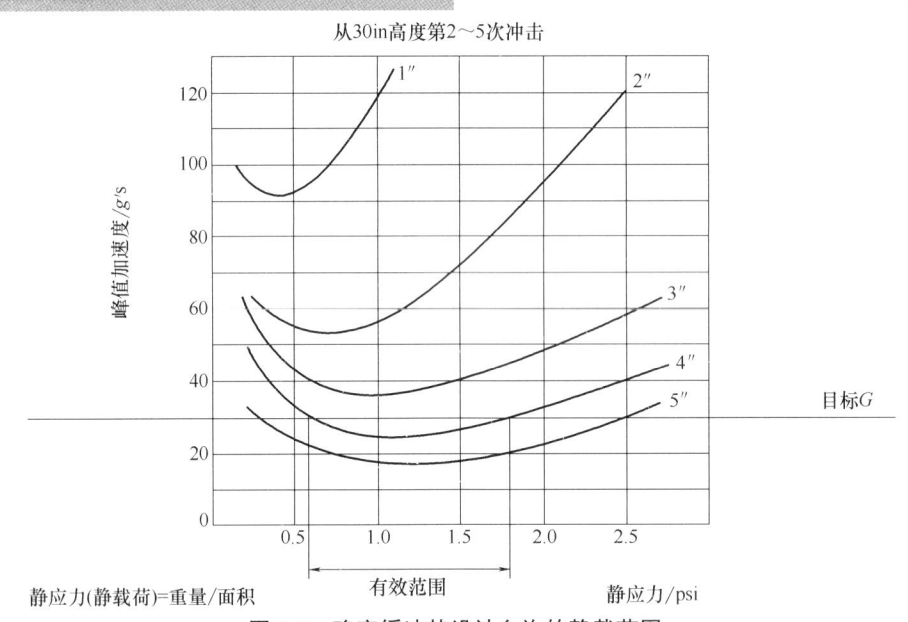

图 7-6　确定缓冲垫设计允许的静载范围

冲垫设计最实际的载荷范围从最佳点到最经济点。

为了研发缓冲曲线，有两种常用的方法采集数据。方法一是利用缓冲材料试验机，方法二是测量包装件内所传递的冲击。ASTM D-1596（2009）是标准的试验规程，常用于由缓冲测试仪生成曲线，用方法一的缓冲材料试验仪如图7-7所示。包装内的测试方法（方法二）由 ASTM D-4168（2009）定义，适用于研发现场发泡缓冲材料曲线。如图7-8所示，对于选定的载荷范围和跌落高度，试验用包装件从跌落试验机落下，记录传递的冲击。

ASTM D 1596 缓冲垫试验仪

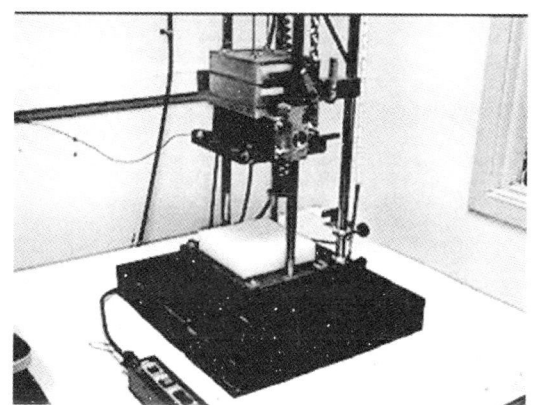

图 7-7 用于研发缓冲性能曲线的缓冲垫试验仪

包装件内测试程序

- ASTM D 4168
    - 现场发泡缓冲材料

- SAC 开发的测试 PE 泡沫、气泡垫和其他缓冲材料的方法

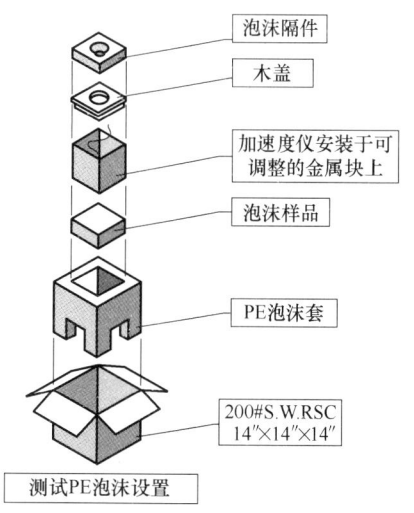

（200#S.W.RSC-耐破度为200的单瓦楞普通开槽箱；SAC-Sealed Air Corporation，美国希悦尔包装公司）

图 7-8 包装件内所传递冲击的测试

由于衬垫变形是压缩载荷的结果,所以,我们要注意缓冲垫设计受限于不出现材料挠曲这样的构型。若衬垫的长或宽尺寸小于厚度,挠曲就可能发生。另外一种必须考虑的性能问题是衬垫的蠕变。若衬垫厚度过大,衬垫可能蠕变,也就是衬垫在不变的静载下随着时间在压缩,从而减小了衬垫的变形潜能。实际上,衬垫的工作长度已经发生了变化,可能很快触底。

上面介绍的用 ASTM D-1596 测试规程的一个问题就是为生成缓冲曲线必须进行大量的跌落。对于每个试品,至少有五次静加载,通常要做五次冲击。因为供应商可能提供五个或更多厚度的特定材料,也常常在约八个特定的跌落高度进行试验,加上各种各样的密度,所以,完成测试的数目很容易达到上千次。这在劳动力和时间需求上非常密集。为此,利用相当少量的试品及测试跌落次数研发缓冲垫性能数据的一些试验方法已经提出。方程(7-3)和方程(7-4)给出了曲线研发的动应力-能量密度解决方案。方程(7-3)和方程(7-4)定义了动应力和能量密度项。

$$动应力 = 峰值\ G \times 静应力 = Gs \qquad (7\text{-}3)$$

$$能量密度 = \frac{静应力 \times 跌落高度}{衬垫厚度} = \frac{sh}{t} \qquad (7\text{-}4)$$

该方法基于现有的缓冲曲线或一系列不同高度下的跌落和不同大小的缓冲垫试样研发了应力-能量曲线。上述研究定义了能量吸收及衬垫可压溃形式的方法。研究进一步说明,此方法能预测任何所计算能量的加速度水平。图7-9表示了基于 Burgess 描述的方法建立的一典型泡沫衬垫的性能曲线。对于其他材料,如瓦楞纸板和蜂窝纸板,有类似曲线研发(Burgess,1990,1994;Daum,2006)。

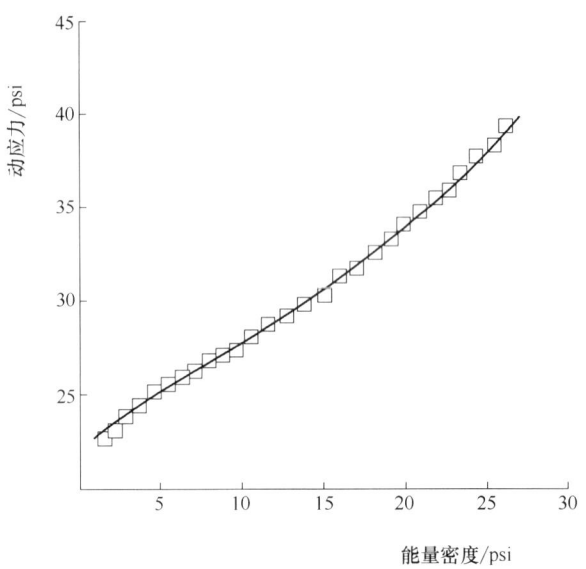

图 7-9　泡沫衬垫的应力-能量曲线

Daum 在方程（7-5）中定义了基本关系：
$$y = ae^{bx} \tag{7-5}$$
式中，y——动应力，G，psi
x——动能量，sh/t，psi
e——常数 2.71828

常数 a 和 b 为衬垫所描述的材料特性的无量纲值，可根据动应力-动能量绘制的曲线拟合运算得到。Daum 提供了该方法应用于衬垫试样的详尽描述（Daum，2006）。

类似的解决方法是采用 C-e 曲线［缓冲因子（C）-冲击吸收能量（e）曲线］。基于单个主曲线，该范畴的缓冲曲线根据多个 C-e 对获得，生成任意预期厚度/跌落高度的曲线。主曲线可根据有限数量的 G 值和静应力推导出。图 7-10 表示了根据这种方法生成的缓冲曲线。正如用应力-能量法所表明的那样，该程序用最小次数的跌落生成缓冲曲线，于是，减小了实验室时间和获得性能数据的成本。

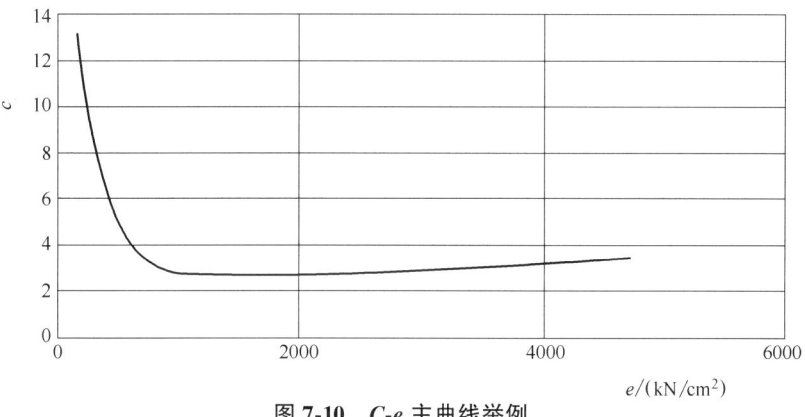

图 7-10　C-e 主曲线举例

评估用于冲击保护的泡沫缓冲材料特性的另一种方法可通过有限元分析（FEA）实现。预测冲击减速度的 FEA 方法证明对于端盖式缓冲垫设计很有效，但不如角盖式系统准确（Mills 和 Masso-Morue，2005）。

7.3.2　减振衬垫

从加速度的视角看，尽管运输期间货物的稳态振动输入可能相当低，但如果输入频率与产品的敏感零部件匹配或近似匹配，可能引起产品破损。匹配频率会导致零部件加速度放大，位移可能达到失效程度的共振条件。若产品/衬垫系统在固有频率处振动，振动输入也可能使缓冲材料疲劳。疲劳的衬垫可能对冲击输入更敏感，不能保护产品。

第 3 章介绍过，任何线性缓冲系统可以通过生成一组传递率曲线来定义。传递率可表示为响应幅值与输入幅值之比，没有量纲。该比值可以是加速度、速度、位移或力。第三章也表明了存在的阻尼程度会影响曲线的形状和幅值。

振动保护的衬垫曲线可利用一种测试方法来生成。该测试方法就是在正弦扫频（频谱范围一般从3~100Hz）期间，通过数据记录确定承重衬垫试样的共振频率。随机振动输入也能够用于确认系统共振。评估程序需要把重块置于给定厚度的衬垫试样上。衬垫试样尺寸为200mm×200mm（8in.×8in.）。将加速度计置于重块内，第二个衬垫试样放在重块上面。然后，整个系统固定在振动台表面上（图7-11）。为获取所需的每一个静载，将重量加到测试块上。定义衬垫的放大/衰减曲线需要最少加载五次。一条这样的曲线对应于每种材料类型、密度和厚度（Root，1997；Schueneman，1996）。

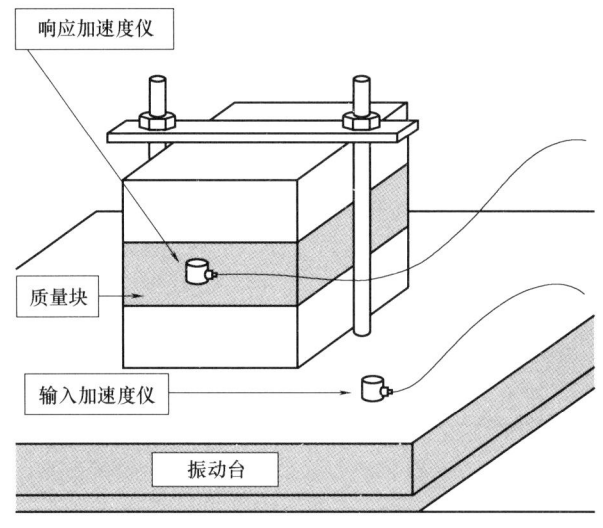

图7-11 振动缓冲曲线测试用夹具

测试过程揭示了一些频率会放大振动输入，而一些频率会减小即衰减振动输入。图7-12表示了对于给定的静载所记录的衬垫的单一传递率图。该传递率图反映了前面提到的三个区域。曲线的平坦部分代表直接耦合区，在该区域，输出和输入间有1∶1的关系。这个区域的传递率等于1。高于比值1的曲线部分是放大区，曲线右部分的比值低于1，为衰减区。1、2和3点表示了区域交界处和峰值。将每次单独加载得到的这三个点绘制，就能画出三条放大/衰减曲线。1点表示直接耦合和放大区的交界；2点代表峰值传递率；3点表示放大区和衰减区的交界。对每个交界与峰值点集进行曲线拟合就产生了振动性能的放大/衰减曲线（Root，1997；Schueneman，1996）。

图7-13表示了一组典型的衬垫放大/衰减曲线。该曲线一般向下倾斜，这表明承重衬垫的固有频率随着重量的增加会减小。像方程（2-11）表示的那样，该结论是显而易见的，因为弹簧常数没有随加载而发生变化。

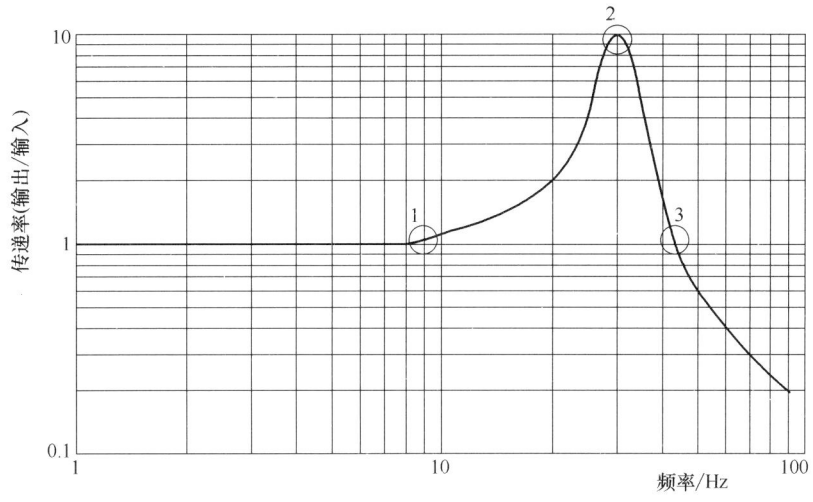

图 7-12　载荷作用下衬垫的传递率图

典型的放大/衰减曲线

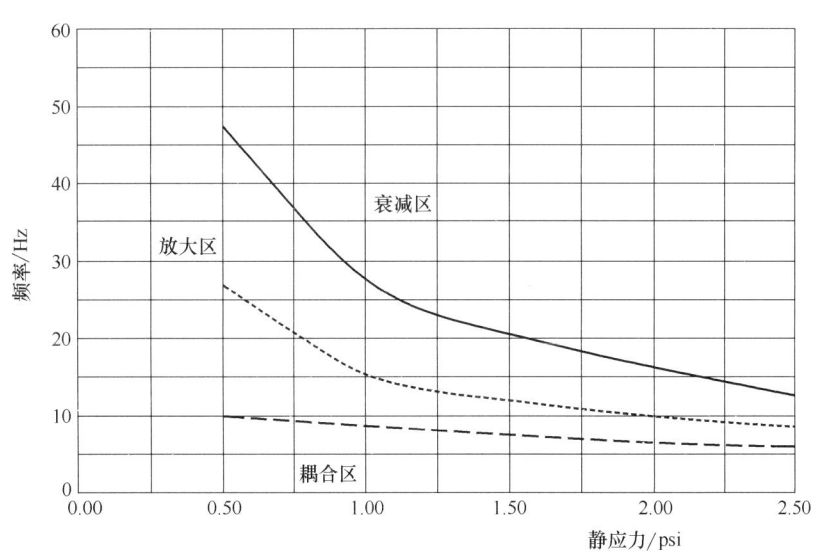

图 7-13　振动放大/衰减曲线

7.4　衬垫设计

衬垫设计的过程需要汇集有关产品、流通环境和衬垫特性的信息。Lansmont 六步法提供了将该方法应用于保护性衬垫设计的程序指南。六步法定义如下

(Root，1997)：

① 定义运输、搬运和存储环境。考虑预期流通环境的运输方式、搬运类型和气象条件。

② 确定产品脆值和固有频率特性。前面章节里已经讨论了用于确定产品零部件的脆值和固有频率的方法。

③ 评估产品反馈意见，改进产品设计。脆值和共振测试时可能揭示了产品设计上的缺陷。

④ 测量和评估衬垫特性。利用上述性能评估方法。

⑤ 设计包装系统。基于厚度选择合适的衬垫，分配静应力以获得所期望的性能水平。

⑥ 测试产品/包装系统，如必要的话重新设计。利用第19章介绍的性能测试规程。

第5步即衬垫设计基于产品零部件对应于冲击的脆值水平和振动的共振频率之灵敏性。如果脆值信息根据破损边界试验已确定，关键零件的固有频率通过振动测试已建立，包装专业技术人员就能够基于缓冲材料的性能曲线选择设计。重要的是，要注意衬垫可能需要对一项或两项潜在破损的动态输入提供保护。

考虑下面的例子。一个重40lb的产品，流通时预期发生30in高的跌落。图7-14表示了对应于30in的跌落高度、厚度为1、2和3in的潜在衬垫材料的减速度特性。若产品关键零件的脆值是$25g$，固有频率为22.5Hz，设计限值因子就是找到对冲击和振动输入都能起到保护的静载。如图7-14所示，$25g$的冲击保护需要衬垫厚度为2in，1in厚度不能提供足够保护，3in厚度能保护，但会增加材料成本。2in曲线的底部表明了最佳载荷是0.9psi。$25g$水平线与2in曲线相交于1.5psi的静应力。这个水平的加载将是最经济的，因为它满足了$25g$的脆值保护

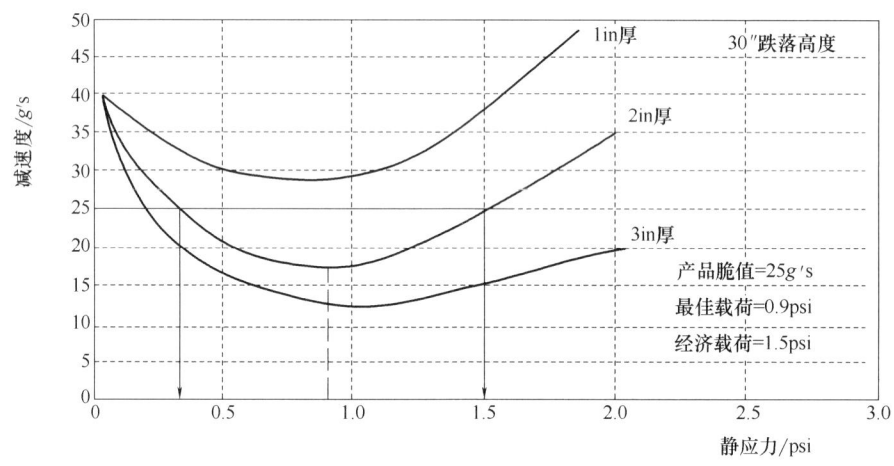

图 7-14　选择缓冲衬垫厚度

水平，所需材料又最少。所以，设计载荷范围为 0.9 到 1.5psi。如果选 2in 厚度，材料必须在该载荷范围内在 22.5Hz 处衰减振动。

图 7-15 表示 2in 厚相同衬垫材料的振动性能曲线。在 22.5Hz 处画的水平线与最上方的曲线相交，表明振动输入的衰减会生效，即载荷范围是 1.1~2.0 psi（性能数据在此终结）。这时，包装技术人员就有机会选择适于冲击保护的最经济的载荷 1.5psi，因为它在振动保护的衰减范围内。

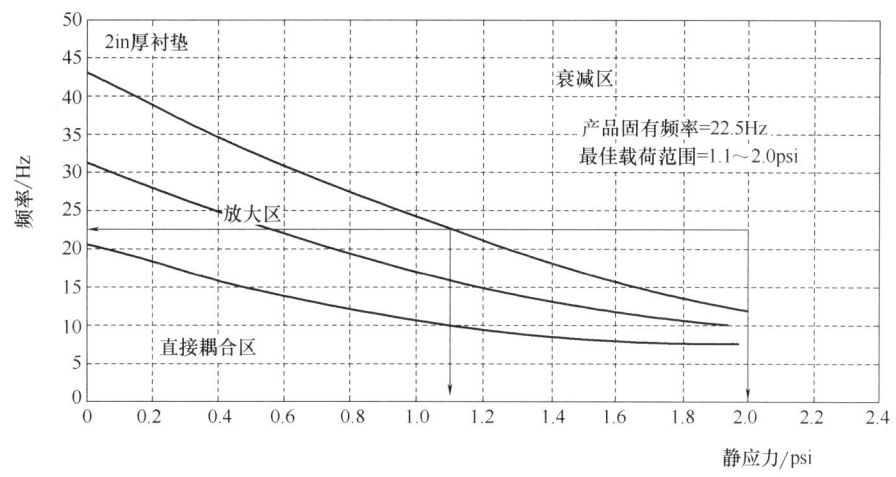

图 7-15　振动性能曲线

设计人员现在就能够确定衬垫的承载面积了。因为产品重 40lbs，预期的载荷是 1.5psi，衬垫的潜在承载面积如下：

$$承载面积 = \frac{产品重量}{静载荷} = \frac{40\text{lb.}}{1.5\text{psi}} = 26.7\text{in}^2$$

现在可以尝试不同的缓冲结构，以使总承载面积为 26.7in² 的（Root，1997；Schueneman，1996）。

7.5　衬垫形状及放置

尽管上面的程序提供了选择特定厚度衬垫静载荷的方法，但还需要包装设计人员确定衬垫的形状和放置方式。

对于选定的衬垫材料，有三种常用的放置结构：

产品完全被封闭，六个面都有衬垫。

角垫和棱垫可用于在产品非常重要点处提供缓冲或者出于减少完全封闭所需的缓冲材料用量。

依靠各种方法调整承载面积满足预期水平的衬垫设计形式。

图 7-16 示意了标准的角垫、面垫和棱垫如何在产品上定位。载荷扩展器用

于增加承载面积,而用像波浪形泡沫或衬垫筋这样的材料可减小面积。

衬垫放置方案

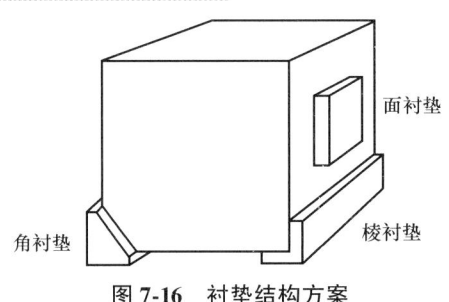

图 7-16 衬垫结构方案

角垫、端盖式垫、轮廓表面和带肋设计都必须认真评估,以确定其潜在性能。例如,在试图减少用在特定衬垫设计中的泡沫材料时,重要的是要确保减量不会导致冲击时衬垫的挠曲,如图 7-17 所示。当厚度与承载面积不成比例时挠曲会出现。《美国军用包装手册》304C(Mil-Handbook 304C)推荐,只要满足下式衬垫会保持稳定:

$$A_{min} > (1.33T)^2 \tag{7-6}$$

式中,A_{min} 是衬垫稳定性需要的承载面积,T 是缓冲材料的初始厚度(Mil-Handbook 304C,1997)。

特殊泡沫形状也可用于改变衬垫上的载荷。当产品与波浪点保持接触时,波浪状缓冲材料可用于减小承载面积。Burgess 描述了波浪状泡沫材料在冲击加速度相关性和泡沫波浪整体形状方面的特性。他确定了该材料的减速度特性具有一致性,足以生成可用于设计目的的缓冲曲线(Burgess,1999)。

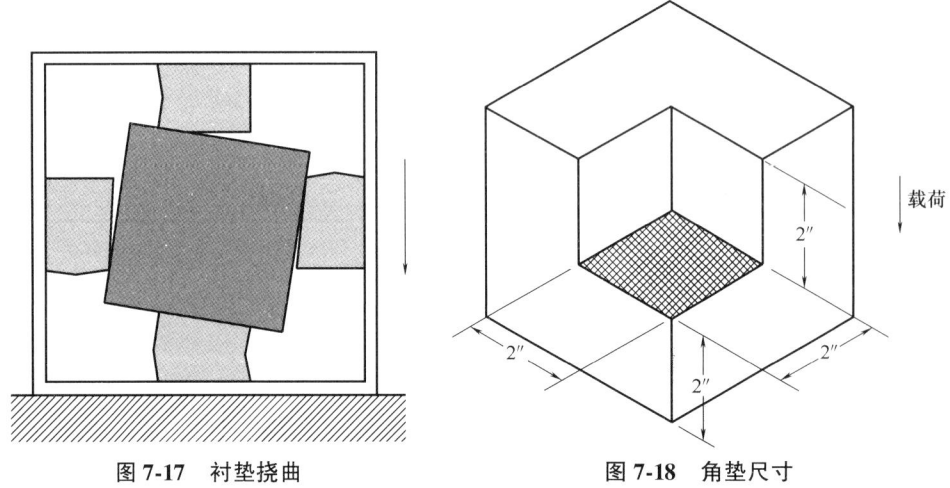

图 7-17 衬垫挠曲 　　　　图 7-18 角垫尺寸

重要的是，要注意到衬垫的承载面积与运输容器内任何表面上衬垫的痕迹不总是相等。图 7-18 表示了一种典型的角衬垫。阴影表面是与产品保持接触的部分，像图上表明的那样，衬垫由泡沫材料制得，有一个 4in×4in 的痕迹。然而，阴影部分是实际的承载面积，尺寸是 2in×2in。任何方位实际的承载面积可以这样直接确定：从产品底面穿过衬垫到运输容器表面画直线。这种情况即使在处理轮廓表面时也是如此。

一个产品在全部三个正交轴向，总共有六个方位需要 $16in^2$ 的承载面积，可用图 7-18 所示的角垫。当产品在全部三个轴向定位时，产品表面与地面保持接触下总共有四个角垫。每个垫的承载面积是 $2×2 = 4in^2$。四个垫子的总面积是 $16in^2$。

7.6 工程上的缓冲系统

除了泡沫缓冲材料的设计之外，为了提供动态事件发生中有限的加速度，衬垫可以用各种各样的材料加工。这样的系统如下：

悬空机构。允许产品在由塑料薄膜组成的吊床上浮动，或者在构架内悬空，吊床或构架借助像弹簧一样的阻尼器锚定在坚硬的外壳上。

液压系统（气流）。当另一个壳体受到动态压缩时，允许空气或某种其他流体通过小孔逸出。这些缓冲装置常常制成环形。

螺旋式隔振器。通过由不锈钢电缆构成的螺旋支撑机构使运动减速。这些装置用于极其沉重的产品负载上。

McKinlay 提出了一系列这样的装置并确定了品牌名称和供应商（McKinlay，2004）。

7.7 习题

1. 如果衬垫用于保护一在 1.2m 高处跌落、脆值为 50g 的产品，确定该衬垫的工作长度。

2. 如果产品重 25kgf，长、宽、高尺寸为（30×30×15）cm，计算作用在衬垫上的静应力。用 kgf/cm^2 和 kPa 两种单位计算静应力。

3. 在选择衬垫载荷以提供对产品的最佳保护与产生最经济的衬垫之间的区别是什么？

4. 为了防止冲击时衬垫挠曲，计算厚度为 5cm 衬垫的最小承载面积。

5. 为什么缓冲材料振动特性的放大/衰减曲线对应于增加的静应力向下倾斜？

第8章
物流环境中的危害

8.0 目的

本章概述给产品和包装在流通中带来潜在破损的各种力、事件及环境状况的来源和特征。

8.1 冲击、跌落和撞击

流通是由连接搬运事件的仓储（贮存）事件和运输事件组成。从手工到全自动，搬运可能对安全运输是危险的。运送和搬运中，包装件经历的冲击是非周期性的，不太常发生，若发生则趋于高强度的事件。

8.1.1 冲击源
正常的搬运大多无事故发生，并且通过装卸车辆、来往仓储地点或其他地方来转移流通系统中的包装件和集装件来实现搬运的目标。严酷、高强度的搬运事件，如意外跌落，非常罕见。一次错误常常就是一次冲击起源。工人操作失误，使一个包装件从腰高处掉下来；传送带系统失调或部件损坏，就会引起包装件跌落。有些伴随潜在破损的搬运事件也可能是故意的。手工码垛可能会带来包装件掉下的几率。包装件溜槽可能使得包装件在滑到终点时出现跌落。许多最严重的搬运事件包含了与人的互动，所以，难于定义和防止。有些严重的事件具有系统性，更容易发现和解决。

8.1.2 范围和强度
一般说来，较轻的包装件从较高跌落高度处落下。人工搬运的包装件每次行程的运输经历多次跌落，经历的跌落高度范围从非常小的高度（约4in 即100mm）到很高的高度（超过50in 即1.27m）。高的跌落很少出现，对于人工搬运的包装件，最常见的跌落高度一般在中等范围，8~20in（200~500mm）。Singh 和 Cheema（1996）发现，尽管记录的最高跌落高度超过70in（1.8m），但小邮包搬运时出现的绝大多数跌落高度低于 16in（400mm），也记录了撞击和脚踢情况。每次行程都符合一般规律（即高跌落不多，中等跌落较多，多次跌落），这在其他研究中也证实了（Pierce and Young, 1996; Young, Gordon 和 Cook, 1998）。虽然一般情况类似，但冲击环境的细节即随包装特性（如重量），又随遇到的运输特性和搬运模式而变化。例如，人们会自然合理地预见到单元化装载会经历仅几个英寸高的搬运跌落。

8.2 振动

不像冲击输入，流通中包装件的振动输入经历一个长时间，并且趋于低强度。运动是一个关键因素，可以预见到，流通系统的任何运输阶段都会产生某种类型的振动输入。

8.2.1 振源

流通系统中车辆从一个点到另一个点，从传输带到卡车、飞机和远洋船只都会产生振动，并将振动传递给正在被运输的包装件上。柔性结构，如车辆弹簧、悬挂系统、基础设施、路面和铁轨都会对振动特性有贡献。有些振动频率被放大，一些被衰减（见第 3 章）。

一般地，尽管所有的运输模式都会展现某种程度的振动输入，可高速路上车辆振动最为严酷。实际上，车辆振动本质上是随机性的，这是由于它虽展现了随时间变化的频率含量和强度，但经平均成为谱形（Singh, Antle 和 Burgess, 1992）。车辆振动谱形因车辆形式及特性而变化（Young, Gordon 和 Cook, 1998）。例如，空气悬架拖车振动不同于钢弹簧拖车悬挂振动。空气悬架拖车在相似频率范围内往往展现较低的总体强度。垂直振动有最高的强度，这也是顶载发生的方向，从而增加了车辆振动潜在的破坏性影响。

8.2.2 范围和强度

如随机振动曲线表示的那样，振动的频率范围在 1～100Hz 频率段最强烈。更高频率的振动会在多数运输模式中出现，但大多数情况下处于低强度。随机振动的强度可用功率谱密度 PSD（也称作加速度谱密度）来度量。谱的 PSD 总水平是振动强度的总指标。现场测量表示总水平多半低于 $1.0G_{rms}$，大多数在 $0.5G_{rms}$ 以下。典型的卡车谱是在 0.2～0.4 的范围，重型卡车谱可能为 0.5～$0.8G_{rms}$。

铁路运输趋于产生低强度的振动。远洋集装箱振动，尽管船只在海里，但展现了很低的水平（大多数情况下在 $0.1G_{rms}$ 以下）。然而集装箱常常在高速路上往返于港口，所以，在此运输中，包装件看作为卡车级别的振动。虽然航空运输似乎有丰富的振动,但研究已经表明,货物区的振动强度相当低。

振动曝露有大的时间范围。短距离传送带可能持续 1min。远洋航行持续几周。ABF 货运系统认为卡车以平均时速为 45mph(72km/h)的平均 LTL 运输距离为 1200miles(1930km),这样就持续 26h(ABF,2008)。既然这是一个平均值,那么,就能预计长短途行程和振动曝露时间。(注:ABF 代表 ArcBest® Freight,是美国的一货物运输公司。LTL 代表 less-than-truckload,意指(卡车)零担的、不足一车装载的小宗货物)

8.3 压缩载荷

仓库和车辆中顶部载荷产生了压力,从而压溃了包装,损坏了产品。施加的载荷大小及时间长短是关键变量。

8.3.1 受压源

为了减小成本,需要仓库有效利用可用空间。如可能,通过满载车辆来提高运输效率。这两个原则意指包装件和单元化装载一个要码垛在另一个之上。

8.3.2 范围和强度

在某些情况下,仓库里的码垛高度能达到四层以上,约等于超过 16ft(4.9m)。车辆高度限制了车辆码垛,公路半挂车码垛常常达到 110in(2.8m)。

载物即包装件本身的密度以及其他包装件及载物的密度决定了码垛实际的顶载。在混合货物和零担装载环境中,承运商会受到货物和车辆装载特定组合或仓库码垛试样及一些惯例的影响。轻货物通常堆在重货物上面,但不总是这样。满载半挂车中平均密度能够用车辆净重容量除以其立方容量而估计出。基于美国常用的半挂车特性,应该能预计出密度为 $8 \sim 14$ lbs./ft^3($128 \sim 224$kg/m^3)。顶载作用时间是另一个范围宽泛的变量。顶载作用几分钟或几小时是某些操作过程的一部分,低库存速度的产品在仓库里可能需要一年以上的时间承受着堆码载荷。

8.4 气象条件

包装件会曝露于当地天气和气候驱动的气象条件,以及车辆特性和仓库地。

8.4.1 温度

当地天气驱使温度上升到 100°F 和低于 -20°F($-29 \sim 38$°C)。包装件不会低于当地温度,而可能达到较高的水平。车辆和仓储条件在这些地域会增加热量积聚。当地环境峰值温度超过 100°F(38°C)时,在非移动拖车内所测的温度已经超过了 140°F（60℃）。

8.4.2 湿度

包装件周围空气的相对湿度会影响吸湿性材料的含湿量，这就减小了它们的强度。室外储存条件发生在全球许多流通地，使得包装件遭受当地天气影响。若下雨，未覆盖的包装件就会淋湿。有时相对湿度会接近饱和水平，即 100%。已经记录了 10%~15% 范围的低相对湿度。接近 30°F 的夏季里温带地区的露点就不寻常了（Washington Post，2009）。

8.4.3 气压

海平面的标准大气压约为 14.7lbs/in^2（760mmHg，101kPa）。海拔越高，大气压会减小，此减压会影响产品和包装。

当考虑减压环境时，我们首先想到的是飞机运输。事实上，公路运输存在一些极端情况，虽然不是在很多地方。在美国科罗拉多州艾森豪威尔隧道西口，海拔为 11158ft（353m）（CDOT，CDT 网注：美国科罗拉多州交通部-Department of Transport，Colorado）。该隧道承载着美国主要商业公路—70 号州际公路。而在美国也有海拔更高的公路，超过 14000ft，但是在这样的公路上，商业交通是不可能的。在世界的其他地方存在更高的公路用于商业运输。从印度的莱赫到马纳利横穿喜马拉雅山脉，公路海拔超过 17000ft（5180m）。

相比之下，除了极少例外，商用飞机很少被加压到 6000~8000ft（1830~2440m）的等效海拔（波音网）。但有一种情况是称为馈线飞机的有限类型的航空货运服务，它们均是小飞机，用于输送包装件到山区的市场，其运输量不足以有理由设置货机航线。这些飞机携带少量的包装件飞越当地山区到目的地机场，在某些情况下，飞机并未加压，飞行员利用补充氧气来防止缺氧。在这些情况下，包装件和产品曝露于海拔条件。研究已经表明，这种曝露可达到海拔 20000ft（6100m）。在此海拔处，大气压约为 7psi（48kPa），较海平面标准大气压显著下降。

8.4.4 其他

引起特定产品或包装件损坏的其他危害也可能出现。光对某些产品是一个问题，如某些食物和对光敏感的化学品。然而，光不是流通环境唯一的危害，在使用环境和非使用环境下能用适当的隔离物覆盖。地球磁场的背景水平很低，只有约 50μT（微泰斯拉）（Zitzewitz 和 Neff，1995）。

第 9 章

物流危害的测量

9.0 目的

本章概述一些所选流通环境危害的量化过程和适当方法。讨论为设置包装性能规范及特定危害测试程序的数据应用。

9.1 观察

获得和利用流通环境危害数据的步骤归纳如下：
- 观察
- 测量
- 分析
- 应用

观察，也就是对流通中发生的事情，何时在哪儿发生的，进行有计划和仔细的记录。这既不是最令人兴奋的步骤，也不是只做记录的步骤。然而，通过观察编写流通系统的一个完整的文档对一个好的测量程序是关键的。在某些情况下，它能足以提供解决问题的信息。

观察阶段不应假定是随意的。在尝试进入仓库、车辆、制造或包装地点等现场之前，需要仔细的规划。为了帮助使各操作置于刚提到的环境中，并理解操作的范围，要预先获得大量的信息。下面是一个例子，即一个不是很详尽的清单：

最初地点和目的地地点。

运输批量——单位、荷载、车辆、重量。

特定模式或混合模式（每个模式运输多少产品）——卡车装载（TL）、小车装载（CL）、平板车和类似车辆拖车、零担卡车（LTL）、空运货物、小邮包陆运、小邮包空运、定制服务（白手套意指服务周到而品质又上乘的服务）、其他。

运输节拍。每日、每月、每季、日、夜、小时。

考虑库存量单位（SKUs）具体的包装技术规格。

第 9 章 物流危害的测量

破损历史、索赔、退货、滞销、临时调派、进入回收程序等，按照承运商、模式、月份、其他变量分类。

在观察阶段，一个非常有价值的特定工具是能清晰说明产品流经适用渠道的流程图。该流程图。有时称为模式图。研究和创建一个模式图的活动具有启发作用。系统的细节编成文档，变得更加广为人知。简单模式图举例如图 9-1 所示。

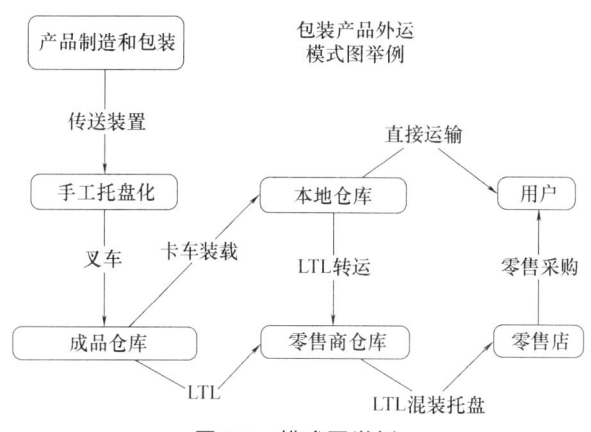

图 9-1 模式图举例

在实际运用中，可能有不同的构型，但在该模式图中，框代表物理位置，包含仓库。箭头或连线代表运输、转移和移动。离开每个框和进入每个框表示一个潜在的搬运操作。所以通过零担卡车（LTL）从成品库到零售库这一段包含两个操作：①成品（FG）库出，进车辆。②车辆出，进零售库。每个框都存在码垛和仓储时顶载压缩力作用的潜在危害，每个连线都有为包装产品振动输入的潜在危害。

大多数基本分析中，每个框都有压缩危害，连线上有振动危害，界面中有冲击危害。细节需要与图中的每个元素相关。块状框需要堆码高度、地面码垛或货架储存、大气条件和存储时间的信息。运输连线需要车辆类型、车上堆码、行程长短或振动曝露时间、振动强度和随机曲线的信息。每次搬运需要跌落高度或冲击/撞击强度、冲击次数和冲击方位的信息。

完成代表产品供应链系统和采集与本次流通有关的详细信息会使某些未知的信息聚焦。这些主要是系统中危害或者潜在危害的量化。大多数情况下，跌落次数、跌落高度分布、极端大气条件和振动强度与曲线会出现在此清单上。

完成供应链系统图填写未知的量化过程存在三个可能性：①我们可以采用颁布的关于类似的环境危害的信息，含使用根据标准测试的试验规范（例如，ISTA 程序），尤其是如果这些试验标准是基于类似危害的现场测量。②如果我们关注的特定系统过去已经被研究和测量，那么，该数据库就能够用于目前的情况。③可应用未知定量化作为测量项目的目标清单。

9.2 测量

启动一个测量项目之前，参考模式图建立项目的范围，非常具体地说明如何使用数据。

9.2.1 仪器

20 世纪 60 年代和 70 年代，流通危害的测量是非常困难和昂贵的（Endevco，1968；Young 和 Pierce，1972）。包装专业技术人员需要有更好的数据来更好地研发经济的保护性包装，受此需求驱动，测试技术得到迅速发展。二十世纪八十年代和九十年代测试工具和方法得到显著改善（Young，Gordon 和 Cook，1998）。到了二十一世纪早期，许多研究已经公开发表，托运人和运输公司利用危害测量既能得到预期发生次数的背景数据，又能针对特定问题。

用于量化流通环境的仪器是数据记录仪。数据记录仪可设置在时间间隔处（也就是随着已进行时间、地点、或某个事件、或阈值所确定的测量之间的时间）获取数据。数据相对于时间来记录以便每次测量事件有一个时间标志。这就使得用户后来将事件与地点和当地条件（如道路类型或特殊仓库）相关联。数据记录仪（包括用于测量流通环境）也能够与全球定位系统（GPS）相连或协调（Lansmont，2006）。

测量涉及传感器、信号处理和数据存储或输出。传感器是一种将测量量（加速度、温度、力等）转换成电信号的装置。信号处理提供所需的电源并可以完成一些电子活动，如放大小信号、过滤掉不要的噪声或转换电子量。流通危害的测量通常使用小型、用电池作为电源的仪器来检测正在研究的量，并以电子形式存储这些测量值（Singh 等，2007）。对于冲击和振动测量，传感器是一种形式的加速度计或加速度传感器（Endevco，2009）。对于温度测量，传感器可能是一个热电偶、电阻式热探测器（RTD）或类似仪器。为了用于流通现场测量的目的，传感器应该是随时间保持稳定并强度大足以承受出现的力。

车载信号处理的细节由传感器选择、存储器、电源需求、测量量程和其他因素确定。对于记录仪，数据随车存储，随后下载，或以其他方式传输到计算机或其他系统，成为文件并分析。从仪器测量寿命和仪器重量及大小的角度考虑，随车电池电源是一个重要因数。为避免数据丢失，需要电池的寿命比预期的行程长。

图 9-2 Saver-典型多通道仪器

图 9-2 所示为专为流通危害和条件而设计的

一款典型多通道仪器。按照比例，该装置约（5×5×1.7）in［（127×127×43）mm］，重约2lbs.（0.93kgf）（Lansmont，2006）。

9.2.2 方法

流通冲击、振动和大气条件的数据可以用各种方式记录。例如，振动可以记录在磁带或数字式磁带上，并能回放进行分析。为了本讨论之目的，将介绍数据记录仪、间隔或事件驱动技术。

尽管似乎很清楚，但是重要的是记住这里讨论的流通测量系统只在测量传感器安装处发生的事情。这常常是在记录仪的主体内，但也可能在外部。使用的基本方法也考虑一旦数据要采集和分析，如何被应用。

为了测量跌落高度，仪器安装在被研究的包装件内部，然后，进行运送历经代表性的运输环境。安装仪器以记录跌落出现时的事件，而不是连续记录。大多数系统有门槛触发系统，以便仪器等待直到一次重大事件的出现，然后记录该事件。

振动数据应该用连接到车辆上的仪器记录，仪器尽可能接近车辆振动输入包装系统的地方，最好是采取较容易的路径来记录包装件内部或托盘上的振动。其结果会是测量车辆振动的系统响应。这就使得用数据作为实验室振动试验系统控制点变得困难。振动试验机在工作台（也就是在测试的包装件输入点处）上控制振动曲线。测量车辆振动应该在等效点即车辆底板处。

温度、相对湿度、气压和其他大气测量应该与期望的数据点尽可能近。若目标是产品经受的温度是什么，应在包装件内部；如要考量车辆状况，就在外部。

在人的互动可能会影响结果的情况下，记录仪和测量过程应该与正常条件尽可能接近。对于车辆振动，这通常不是一个问题，因为车辆操作人员对振动强度和曲线有较小的影响或没有影响。有一个例外情况是，高速公路车辆的速度若非常不同于正常值，会影响结果。当测量搬运情况时，人的因素是关键的，测量过程应该尽可能正常。如果搬运人员知道记录仪用来评估搬运参数，那么，搬运的正常状态很可能变化。尽管创建操作过程会遇到挑战，但这一要求对确保数据完整性很重要。

记录搬运事件、跌落、撞击和其他危害时，保持数据的门槛设定得低些，通常是几个 G，这取决于环境的动力学情况。这个低的门槛保证了数据触发水平，导致能记录到出现的全部重大事件。只要记录仪的内存限度未达到，此策略使得不必要的数据点在分析时进行了整理。

振动数据与此不一样。记录车辆振动事件会占用记录仪的许多内存，因此项目设置必须适应这种情况。于是，振动事件应该在时间间隔基础上记录。在该模式下，记录仪在预编程的每个时间间隔结束时存储事件。例如，记录仪等待一分钟，记录两秒钟振动，再等待一分钟，然后再记录两秒钟等，直到内存满或录制停止。随后整理数据，清除低于已建立的低边界事件，除去车辆不运动的事件。尝试使用阈值法来记录振动，但这只能记录更高的强度水平而使数据产生偏差。在某些情况下，可将捕获背景振动的时间间隔和只捕获最高水平的门槛触发器两者组合使用。

基于时间记录振动事件可能未记录落在等待时间内的重要事件。将记录仪内存一小部分用于门槛触发器数据捕获，为以后平均背景与最坏情况进行比较。该比较有助于确保重要事件中的大部分在时间间隔测量时没有被漏掉。

9.3 数据分析

像在测量阶段一样，重要的是项目的目标在分析启动之前是清晰的。

9.3.1 冲击和跌落数据

冲击和跌落数据常常用于设定包装设计准则和规定实验室试验水平。这种目的利用每次行程跌落次数和跌落高度或冲击当量。分析跌落高度或速度变化数据，等同于跌落高度。如果目标是建立极端的曝露，那么，寻找经历的最大强度事件。

跌落数据经常依照跌落高度分布形式呈现，表示每个高度的跌落次数和每个跌落水平的累计百分比。图 9-3 是一个例子。

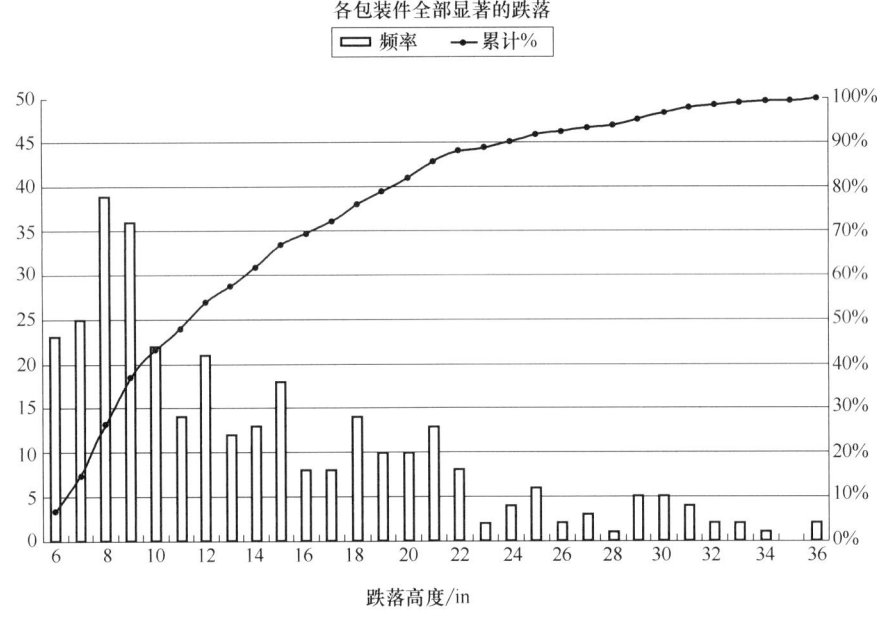

图 9-3 跌落高度分布

这种类型的分析将项目中所有的行程组合在一起来呈现包装产品曝露于跌落的全景。然而，每个独立包装只经历一次行程，所以，关于每次行程最高跌落高度的数据对于设置设计准则是有价值的。

9.3.2 振动数据

应该首先整理振动数据，除去车辆不动事件。在确定平均谱水平中若包括这些事件会使数据水平降低。该数据整理可通过除去某个低水平以下的事件来完成。低于总水平 $0.05G_{rms}$ 的某个值用作起点。基于该事件的时间，静止车辆的背景噪声等级可通过观察知道车辆没有移动的几个事件来估计。数据一旦整理好，则被处理产生平均的 PSD 谱。参见图 9-4 的例子（Young 和 Baird，2006）。

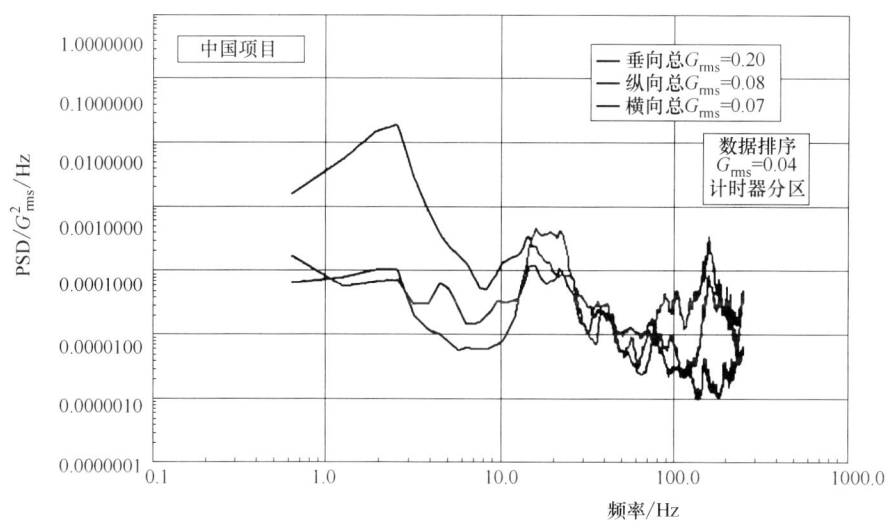

图 9-4　振动数据整理为 PSD 谱

振动事件的统计分析在了解方差或数据分布时也有用。平均值、标准偏差、最低和最高水平有助于告知一个完整的故事。

9.3.3 气象数据

温度、相对湿度和气压数据通常作为极端值并以时间关系的方式来表示。图 9-5 示意了一个例子，该数据集表示了约两天的记录，含温度和湿度。为比较，也显示了当地温度以及记录的极端值（ISTA，2002）。

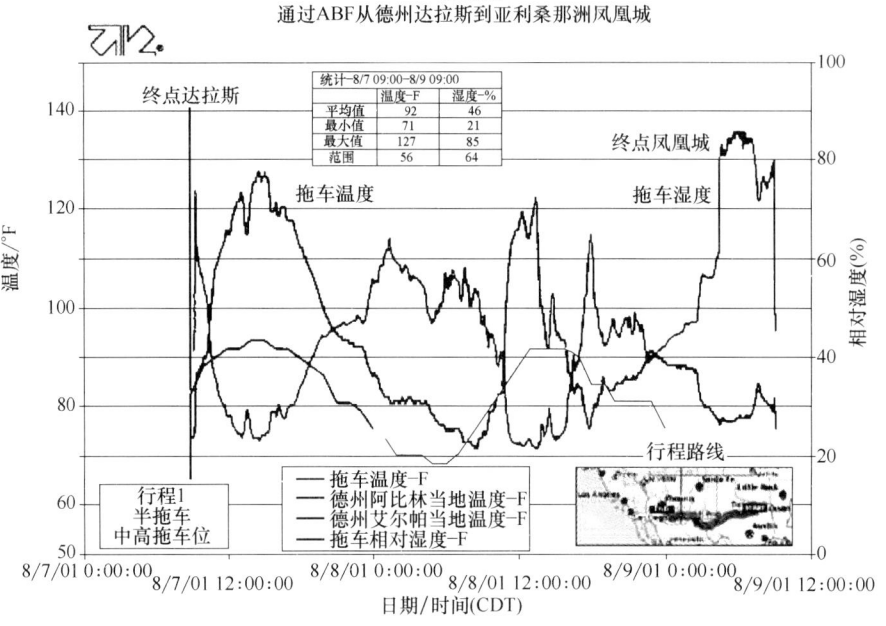

图 9-5　气象数据

9.4　设计规范数据

测量物流环境危害一个重要的原因就是弄清流通中产品潜在的危险，为保护性运输包装设定设计性能目标。然而，无论多有逻辑，这都不是大多数包装系统研发的方式（见第 6 章）。在许多情况下，包装设计要通过包装测试，而不是承受已知的流通危害。尽管这看上去只是微小的语意上的区别，但设计目标和目标性能间的关系是一个坚实稳固的关系。无论是直接的（性能-危害）还是通过测试规范（性能-测试-危害），最好的结果只有当目标性能与实际危害密切相关时才可获得。

将性能目标与测试关联取决于准确反映流通危害强度的性能测试。除此之外，这既是一项相对容易具体说明的包装测试，又是一项相当困难的将真正流通环境中的潜在损坏危害量化的工作。

审视包装产品流通的预期结果，着手设计规范过程。乍一看，目标设定在"无破损"或"安全抵达"似乎是合理的。这些是优秀目标，但当考虑细节时可能是不实际的。如果正在运输的产品为一昂贵的电子产品，那么，近乎零破损或很低的破损是有意义的。当产品比较便宜时，享有大量装运，那么，这个目标证明则太奢侈。这里围绕着一个简单的事实：尽管没有多少包装件接受到极端的潜在破损,但我们并不知道"少数情况",于是,我们需要包装所有的产品,就好像它们都要接受到最坏的情况。这就导致了对"那些少数"的保护,而对大多数情况来说,包装过于昂贵。从财务角度来说,允许流通中极端情况会造成少量的破损比花费额外的金额保护全部要好。当然,这个关系应该建成整体系统成本图,以便预期和计划的破损成本通过节约材料和加工来补偿。

对于冲击或跌落测试,超过特定跌落高度的行程百分比是一个有用的度量。例如,如果所测行程的95%未超过28in(700mm),那么,期望幸免于28in跌落高度的设计目标会随着时间推移而为此特定原因而导致不超出5%的破损。利用统计方法,测量数据能够提供一种对未被度量的不可能事件发生的预测。这些预测能够以同样的方式用于设定设计目标规范。

振动数据可用类似的方法。具有代表性的一组振动谱数据的分析表明高的振动水平(总G_{rms})不可能出现。期望利用这样一个水平作为幸免目标的设计规范,将来自特定危害的破损限定到一个小概率事件。

设定设计规范时,记住这只是取得安全运输目标的一个步骤。由设计规范产生的包装设计可能是保守的,足以使保护高于规范的等级。与测试脆值的极端事件相比较,产品更能抵抗来自实际事件的破损。

9.5 测试规范数据

基于流通运输、仓储、搬运和大气条件中已知的危害建立包装性能测试是设计低成本、低冲击和高性能包装过程中合乎逻辑的一步。将测试与所测量的危害关联起来,增加了测试结果的模拟质量,促进微调包装设计。与测试关联的危害在概念阶段评估新设计中提供了一个相当容易的路径,并为最终的性能产生一个好创意。

关于利用现场测量设定性能测试规范的更多信息见第20章。

第 10 章
产品潜在破损

10.0 目的

本章定义产品破损的主要模式及其在使用和非使用环境或流通环境中如何用于产品。

10.1 产品研发及使用环境

产品设计和研发是为了完成某些有目的的功能。这些功能可能是通用的或特定的、适用性宽或窄、静态的或运动的。这些是产品存在的原因。完成某项功能或服务于一个目的的能力是经济价值的基础，是市场中消费者为把产品所有权转让以换取价值、参与经济交易的缘由。

如果我们打算研发一种新产品，在我们的考虑中，那个产品的最终功能或目的必须是最重要的。简而言之，为了成功，产品实际上必须做某种事情。产品成功或失败的历史会使观察者确信该产品研发过程绝非简单。研发期间，最终的市场结果不总是显而易见的。成功的石头宠物（Pet Rock：1975 年美国最火爆、最具创意的圣诞礼物）（Stern 和 Stern，1992）和 Beta 视频格式最后的终止就是如此不可预测的例子。

出于这种考虑，产品研发团队聚焦产品功能性和适用性是聪明的做法。这个过程自然会定义一个产品有助于创造产品特性设计的使用环境。例如，研发一盏新式台灯置于茶几上，为坐在邻近椅子上的人提供充足的光线，这包括一种具有位置可调整的软性部分和一种变光调光器。该产品的环境可定义为居住面积或办公室，拥有标准的座椅高度，环境光线级别从黑到亮，温度接近室温。实际使用时，设计的灯在一个特定的范围定位，通过若干次循环开关和光源级别调整，达到有效操作。这些细节，如电线长度和类型、开关位置和风格细节也将在此时解决。这些特性和功能性设计准则组合起来就提供了一个在预期的使用环境内为了一般照明目的的有用产品及其合理的产品寿命。

研发过程中，团队也会考虑新设计的其他准则，诸如可制造性、价格、大小和重量、颜色范围和其他方面。这有助于提升市场接受度，能与供应商基地、可用的装配设施、预期的市场计划和零售解决方案的匹配。设计可能要做微调以更好的适合这些实用准则，但是，该过程会继续把产品功能性放在最优先的地位。在最后的分析中，设计和研发的产品能在使用环境中实现使用功能。从逻辑上考量，看上去是一个合适的过程。当然，纵观商业史，也已经催生了许多成功的产品投入出现。

10.2 使用环境的特性

产品价值常常与寿命和可靠性相关联。某些产品甚至被分类为耐用品——预期使用寿命以年计。有些期望使用一次，或几次，在使用中消耗、丢弃、循环或再充填。不管预期的使用寿命如何，对产品存在一个强烈的期望——产品功能性贯穿于整个生命周期。使用寿命期望和使用寿命性能的不匹配会使产品在市场中面临失败的风险。产品使用寿命的想法假定产品在使用环境中所承担的寿命。例如，我们的新台灯若安装在室外、热带环境、高温高湿度地，或者也许安装在正在进行作战演习的战斗机上，它会有一个显著不同的使用寿命期望。通常几年的寿命期望可能减少到几天，甚至几小时。如果我们期望产品在这个更恶劣的环境中使用，那就要相应调整产品的功能准则，并在研发过程的一开始就要这样做了。

几乎每件物理产品要在一个从未有过的恶劣环境中使用确实得花大量时间。流通或供应链环境是以极端的环境危害未表征的，极端的环境危害能在产品甚至被引入使用环境之前就造成了破损。

10.3 产品流通环境

流通即供应链环境具有多样性而且是变化的，将在其他章节里详细介绍。一般说来，与保护性包装界面的流通要素包括运输、搬运和仓储。

运输充满了由运动诱发的振动。仓储条件通常包括随着时间的推移和处在多样的大气条件下包装件的顶部载荷。搬运活动易于出现冲击和撞击风险。车辆和仓储设施中的条件使产品曝露于极端温湿度下。对于短寿命产品或消费品，曝露于这些非使用环境条件可能比使用环境时间要长，而对于耐用品，比使用环境曝露时间要短得多。

10.4 非使用环境破损模式

如果非使用环境足够恶劣，曝露时间充分，那么，产品在流通过程中破损便是必然的。因而可以断定，流通期间产品破损的最大可能性出现在两组特性重叠时：产品易于破损及流通环境中危害活跃或高强度。例如，易于磨损的产品运输经过一充满振动的流通渠道（如长的运输时间和距离）时，一定会产生问题。低易损产品，甚至在同样的装运模式下，可能有更少的问题。

运输和流通很可能产生大量的振动，许多低应力或输入的累计会导致破损产生。磨损和疲劳破损就是例子。当相邻表面相互运动，磨损就出现了。这种类型的运动由于运输振动而启动，可能在一个表面或另一个表面，或者在两个表面出现。当表面移动时，材料被刮掉或摩擦掉，或者从一个面转移到另一个面。除去材料的量实际可能很少，但仍然为破损。高精加工表面，如喷漆的汽车零件、家具、抛光金属制品和贴标签的瓶子，可能会因此受到少量磨损——有光泽的表面会变暗，无光泽的表面会变亮。若表面有轻微擦伤或划伤，那么，外观可能会完全损坏。

更严重的磨损可能导致更严重的破损，包括穿透薄材料，如内包装。在极其重要的包装阻隔中这样一个穿透孔——关键应用（如消毒医疗器械），可能使得产品不可用或甚至是危险的。食品可能变味或污染，流动性产品会漏出。

许多材料由于周期性载荷而破损，即疲劳破损（Lalanne，2002）。当结构受到低应力的重复载荷循环时，在材料的弹性范围内，因适应该重复应力而不会产生问题。当此应力超出弹性极限时，材料会展现其非可逆变形。随着循环次数增加，破损增加，裂纹形成，材料对进一步的循环破损的抵抗力降低。在某些情况下，即使弹性变形也可能产生破损。应力的程度也是重要的考量。高应力的输入引起失效只需要不多的循环，低应力则需要更多的循环。这种关系用应力/循环特性，即 S-N 曲线表示，见图 10-1（Wikimedia Commons）。

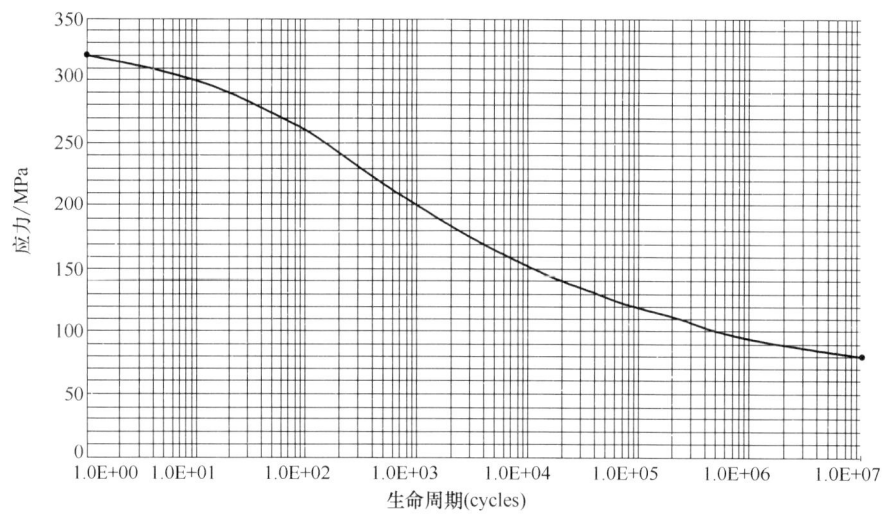

图 10-1　UTS 为 320MPa 的易碎铝 S-N 曲线

（注：UTS 为 Ultimate Tensile Strength 首字母缩写，表示极限抗拉强度）

产品和包装特性因输入振动的放大会增加破损的可能性。流通环境的输入频率接近于关键产品或包装的共振频率，会使正常水平被放大到引起破损的强度。关于共振及放大的更多信息请参见第 3 章。

物流中的搬运要素使包装产品曝露于高强度事件：冲击、跌落、撞击。这些事件可能会灾难性地造成产品破损、弯曲、折断或压溃。在短时间里施加的高水平速度增量产生了高的加速度载荷。当这些高载荷超出材料的强度时，结果便是破损。

尽管与冲击相关的破损常常是关键的和广泛的，但引起该破损的供应链事件相当少见。相当长时间段运输的振动实际上必然会发生。但是跌落和撞击，尤其是严重情况，仅仅偶尔发生。有关搬运冲击的更多信息请参见第八章。作为零件，或需要装配或安装而运输的产品，可能会造成本身损坏。重型零件压溃轻型零件，粗糙的部分磨损灵敏的表面。这些情况需要特别注意内包装设计。

大多数情况下，产品不是为运输设计，在产品生命周期里，运输通常出现了对潜在破损的最为严重的曝露。这种面对危害的脆弱性是保护性包装主要的正当理由。没有包装，产品运送中的破损会常见，产品的这种破损对生产者和产品使用者来说都非常昂贵。

第 11 章 产品脆值的量化

11.0 目的

本章讨论破损边界曲线理论及其在实验室产品测试中的应用，还将讨论系列试验的操作，包括试验次序、脉冲编程及试样管理，也对破损边界试验标准的修改进行回顾。

早在 20 世纪 60 年代，在研项目希望把蓬勃发展的太空时代转化成更实际的应用。对易损产品的保护性包装就是这些应用之一。密西根州立大学包装学院与加利福尼亚州蒙特利的海军研究生院合作，致力于产品脆值的量化研究，从而有助于包装设计人员消除或减轻产品破损。此开创性的工作由 James Goff 和 Robert Newton 领导，为包装如何研发保护流通中的产品打下了具有重大变革的基础。早期的研究导致了所谓的破损边界（见第 4 章）。

破损边界是一种寻找量化产品脆值即坚固性的试验方法。一个适当的类比法就是把产品从渐增的跌落高度坠落到硬地板上，直到破损，这样就建立了安全和非安全跌落的界线。然后，使产品从如撞击硬地板一定会引起破损的高度落在一叠衬垫上。对于每次衬垫上的跌落，检查是否有破损发生。若没有，移去衬垫叠上的一个垫子，重复上述过程，扔掉一层垫子，每次无破损跌落下衬垫叠变得更薄。产品破损时，另一界线就确定了，那就是针对那次跌落的缓冲垫足够和不够间的界限。

用这种寓意法，我们就回答了两个问题。第一，产品没有衬垫能够承受多高的跌落？第二，如果从更高处跌落，需要多少缓冲垫保护产品？

11.1 冲击试验设备

完成产品的破损边界试验需要利用可编程的冲击试验机，以产生可重复的、可控制的具有不同特性的冲击脉冲。该设备在适用的 ASTM 测试方法，即 ASTM D-3332 "利用冲击机的产品机械冲击脆值的标准试验方法"中有描述。

该设备由保持产品的冲击台组成。为了把冲击传递给正在测试的产品，该台面刚性必须非常大。台子被引导并能垂直下落。为了帮助产生测试所需特性的冲击，含有称作为冲击编程器（发生器）的机械装置。为了在每次落下后停止，使得一次将一个控制的跌落输入给试样，冲击机也包含制动系统。图 11-1 示意了一典型的冲击机结构。图 11-2 所示为具有一个大台面、使用多个编程器（发生器）测试一微波炉的冲击机。

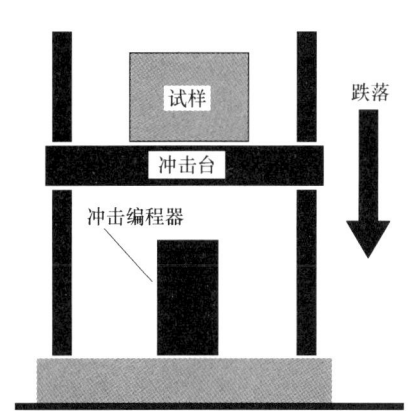

图 11-1　冲击试验机构造

图 11-2　测试微波炉的冲击机及台面与多个编程器

冲击机需要一种方法把产生的冲击（可能很大）与周围建筑结构隔离。这可以利用大型刚性基础或者低频率悬挂系统的大型钢基础（称作地震台基）来实现。升降系统通常是电气或液压的，用来为落下的台子定位。内部的制动装置在每次落下后使台子停止。

冲击试验系统的控制使得台子升降和精确定位，并进行冲击编程器（发生器）的设置。电子仪器用来度量给予试品的冲击脉冲特性。

11.2　脉冲编程

机械冲击脉冲的编程即是控制冲击特性的技术。冲击通常根据其一般脉冲形状、加速度与时间关系、峰值加速度水平（峰值 G）和持续长短来确定。冲击编程器使得这些参数中的每个参数得以控制和改变。

脉冲形状通过编程器的设计来控制。半正弦脉冲常常应用具有弹性特征的某种类型的弹性材料，如聚合物。锯齿型脉冲和梯形脉冲可以分别利用铸造铅锥和圆筒汽缸编程。特别设计的汽缸能产生所有形状的脉冲。

为了进行破损边界试验，需要两种脉冲类型：高 G 值短持续时间的半正弦脉冲、低 G 值长持续时间的梯形脉冲。这两种性能要求可以通过建立一个编程器装置（称为破损边界编程器或双波形编程器）来达到。高 G 值的半正弦脉冲可通过使冲击台撞击一组硬塑料编程器来产生。尽管这些塑料编程器很硬，但实际上，当一个大的力撞击时它确实有轻微的变形。变形小，则产生了高 G 值的结果。为了形成初始冲击，一层或多层的高强度的毛毡放在编程器和冲击台之间。由这种编程器组产生的冲击脉冲通常是（2±0.5）ms 的持续时间和 100~500g 的峰值。

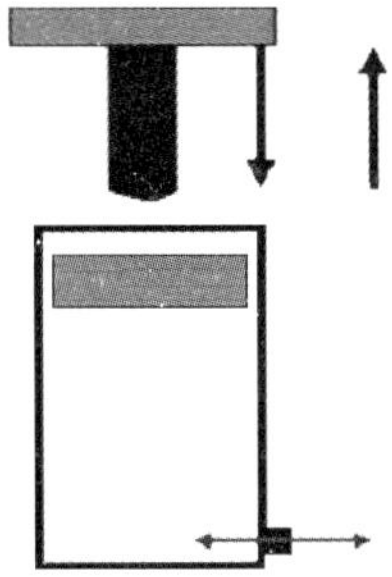

破损边界试验所需梯形脉冲的产生会更难一些。编程器是一个缸体加上活塞，意指着向活塞下方的汽缸加压（图 11-3）。柱塞连接于冲击台底部（即活塞顶部）以便台子撞击活塞。当撞击出现时，撞击力就传递给活塞，活塞被迫进入汽缸。这种运动受到活塞背压阻碍，其结果由两个力计算确定。

图 11-3 活塞式汽缸

$$力 = 质量 \times 加速度$$

和

$$力 = 压力 \times 面积$$

整理得

$$加速度 = \frac{压力 \times 面积}{质量}$$

撞击质量为冲击台、试品和卡具的质量和，对于一次系列试验是固定不变的。编程器活塞面积也是固定的。因此，冲击加速度可由改变编程器压力来控制。编程器压力越高，产生的冲击峰值加速度就越高。一旦两个力相等，活塞就开始进入汽缸，开始减速。当台子速度达到零时，活塞背压就造成回弹。这一系列事件产生了一个梯形冲击脉冲（图 11-4）。

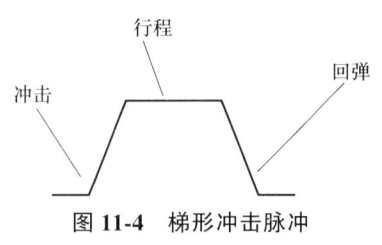

图 11-4 梯形冲击脉冲

加速度最初增加和最终减少相对于峰值 G 的时间（冲击保持时间）是短暂的。因此，这些部分在真正的脉冲中似乎几乎是垂直的，从而，形成了方波或梯形波冲击脉冲的共同特征。

11.3 确定破损边界步骤

确定破损边界需要一系列的试验。既然脆值是产品的特征，因此，它对产品及其零部件的设计很敏感。产品的不同方位可能具有不同的特性，包括固有频率和破损边界。由于这些可预见的差别，破损边界试验应该针对产品的各个轴线重复进行。甚至一根轴的两个方向，如前、后，可能显示出不同的特性。出于这种考虑，一个完整的系列破损边界由六个破损边界试验组成，各正交轴每个方向试验一次。在操作上,这就意味着面向冲击台上这些广义的产品表面冲击产品。
- 前面
- 背面
- 左面
- 右面
- 上面
- 底面

除了方位,结果可能会随着冲击如何给予试品的细节而变化。为此,产品,特别是复杂产品的装卡固定可能具有重要性。对产品边缘施加冲击的夹具可能比在整个表面均匀地施加冲击给出不同的结果(图 11-5)。

图 11-5 不同的装卡固定结果会不同

进行破损边界试验时,卡具应该在包装研发的早期阶段,在实际可能的范围内模拟最终的包装结构。这将有助于使破损边界结果成为包装产品性能的合理预测。

破损边界试验按照下面次序进行:临界速度变化测试,然后,临界加速度测试,或者相反的次序都是可接受的,但是要先进行临界速度变化的测试,以便加速度的侧切点可以估计。正如下面讨论的那样,当建立系列临界加速度试验时,这是一个重要的考量。

11.3.1 临界速度变化

方位和装卡一旦被确定,破损边界试验就可以从估计产品从多高下落到硬表面而不破损的临界速度变化的确定开始。所需的冲击脉冲是半正弦、高 G 水平、短持续时间。

产品固定在冲击台面上,冲击台升到预期跌落高度。试验在一个低的速度变化处开始,期望第一次测试不出现破损。实际上,首次可以使用 2~4in(50~100mm)的机器跌落高度(MDH)、产生速度变化低于 80in/s(2m/s)的冲击。极其脆弱的产品可能需要较小的速度变化,而坚固耐用的产品需要较大的速度变化。目标就是使第一次跌落不产生破损。

第一次半正弦跌落后,假定无破损。为确定破损点,随着速度变化量渐增进行一系列的跌落。为了减小破损发生部位的不确定性,速度变化的增量应该小些。如果未破损的最后一次跌落是 80in/s(2m/s),而出现破损的第一次跌落是 130in/s(3.3m/s),那么,存在一个较大程度的不确定性,临界水平正好超过

80，低于 130，或是在它们之间的某个地方。这就提出了保持增量合理小的观点。实际上，经常用的机器跌落高度增量约为 1~3in。

该方位试品的破损一旦出现，就能估计临界速度变化。考虑到接下来的不确定性，赋予特定的速度变化正好在最后未破损测试上方一点。例如，如果进行以下一系列测试，临界速度就被赋予 112in/s（2.85m/s）（表 11-1）。

表 11-1　　　　　　　　　　临界速度变化边界的测试

跌落次数	速度变化（in/s）	结果
1	80	无破损
2	95	无破损
3	111	无破损
4	119	破损

11.3.2　临界加速度

既然临界速度变化已经建立，接下来临界加速度的系列试验设置就能够确定。一个重要的考虑就是要超出切点进行本系列试验。切点就是破损边界的弯曲（膝盖）部分与水平线（临界加速度水平）的连接处，如图 11-6 中切点（A）。

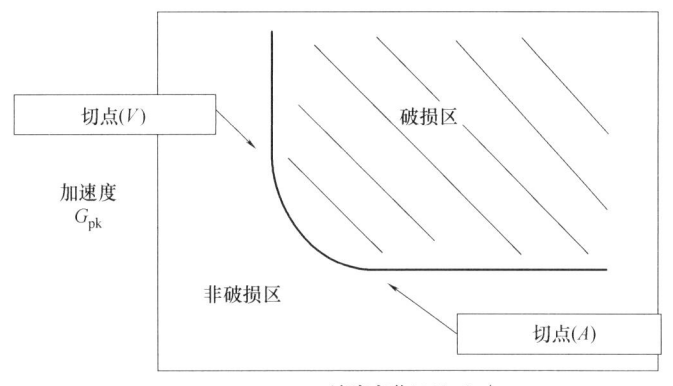

图 11-6　临界加速度水平上切点 A

重要的是，做这些试验要在比切点更高的速度变化处即切点的右方进行。在较低的速度变化处，所确定的破损点会在破损边界弯曲部分的某个地方。如果这个结果用于包装设计的临界加速度水平，那么，假如恰巧速度变化足够高，破损会出现在更低的加速度处。通过在高于切点水平以上进行试验，得出的水平平坦部分的最低加速度将作为临界加速度，过低的加速度不会造成破损。

切点的速度变化量可基于已经确定的临界速度变化量计算出。切点处速度变化计算公式如下：

$$\Delta V_{\text{tangent point}} = 1.57 \cdot \Delta V_{\text{critical}}$$

例如，如果第一次系列试验中利用高 G 值、短持续冲击脉冲测得的临界速度变化为 100in/s（2.54m/s），那么，切点就是 157in/s（4m/s）。这就是用在确定破损边界临界加速度部分时的最小速度变化值。

从一个比切点速度变化值更高的速度变化开始，设置冲击机以进行梯形冲击脉冲。就像临界速度变化系列试验一样，本系列的第一次测试应该为非破损试验。当然，既然这个信息（即首次试验不破损）是试验的目的，用户不知道什么样的 G 水平会是非破损。该水平的估计基于产品和类似产品的知识。从可操作性上，常用 15~35g 的峰值 G 水平，但是，这不适合于每一种情况。初始脉冲的构建包括产生所需最小速度变化足够的冲击机跌落高度和产生低 G 加速度的低的编程器压力。冲击台上无产品情况下，建议一次或更多次的跌落设置，确保可接受的初始值。重要的是，小心避免不当情况。若编程器压力太低，编程器可用的变形（即冲击保持）可能不充分，编程器会触底。过行程冲击的特征性中心尖峰形状应该避免，因为这可能引起编程器的破损。为了纠正过冲情况，须增加编程器压力。典型的过冲脉冲如图 11-7 所示。

图 11-7　典型的过冲脉冲

系列试验一旦开始，每次跌落后对产品状况进行一次评估，观察是否破损。每次非破损结果导致在一个更高的 G 水平上进行另一次试验，直到破损出现。如同临界速度变化测试一样，破损边界水平被赋予比最高的非破损加速度水平更高一点处。例如，如表 11.2 所示的系列试验，会赋予一个 43g 的临界 G 值水平。

表 11-2　　　　　　　　　　　临界加速度边界的测试

跌落次数	加速度(G_{pk})	结果
1	18	无破损
2	25	无破损
3	31	无破损
4	42	无破损
5	54	破损

11.3.3　过渡结果

破损边界试验时有几种情况可能需要多测试过程进行特殊修改。降低速度变化在加速度试验时最为关键。利用压缩气体的矩形冲击波编程器就像弹簧一样。产生的冲击速度总变化量是冲击台撞击速度和回弹速度的函数，也受编程器（发生器）特性影响。在进行一系列测试时随着气体压力增加，编辑器（发生器）的回弹百分比有点减少。随着压力和 G 水平增加，导致速度总变化量稍微减少。如果速度变化起点非常接近于切点速度变化，那么，此向下的趋势可能导致速度变化略低。为此，在一个高于切点速度变化的速度变化值处开始。若问题出现在系列试验期间,就需要用增加机器跌落高度的方法来补偿。

11.4　试样管理

由于有 3 根轴,每根轴两个方向,每次试验(临界速度变化和临界加速度)两个试样,这意指一个完整的系列破损边界试验总共至少需要 12 个试样。许多试样昂贵,特别是在早期研发阶段,某些情况下实际上根本不可得到。在这些情况下,少的试样用来测试,最大可能的好处应该从这些所测试的试样中寻找。当产品试样短缺时,这里有几种方法可以借鉴:

不合格产品。当缺陷不属于产品破损定义的一部分时,不满足质量标准的产品可用作试验样品。

减少轴和方向。在与产品工程师协商时,确定或估计那根(些)轴是最关键的即最脆弱的。将试验限定到这些轴和方向上。

假定临界速度变化。估计和假定临界速度变化水平,进行临界加速度试验。

确保界限。为试验设置限制,通常即是要测试但未超过的最大加速度水平。使用以下逻辑设置此水平:若施加的临界加速度较低,意指破损在试验时出现,那么,结果就非常重要并应该知道,通过包装设计或产品修正来纠正此问题。如果实际的临界加速度比最大测试水平高,那么,最大水平将用来设计包装。这可能导致"超常性能",造成设计成本较高,但此可能性在试验过程中使稀有样品不破损是合理的。

11.5　结果诠释

根据破损边界系列试验的手头结果数据,可用于运输包装研发的几个决策。最明显的应用就是用临界加速度水平为缓冲决策和设计赋予脆值 G。若临界 G 水平未超过,破损就避免了。利用缓冲性能信息,就能确定一合适的缓冲垫设计。

临界速度变化水平对包装设计决策也是有用的。产品在运输和搬运中受到的实际速度变化量与包装产品的跌落密切相关。如包装件的跌落高度能被控制,破损就能避免。运输包装的单元化可带来好处就是一个例子。例如,通过将独立包装件捆在一个托盘上,创建一个构形,实质上防止了包装件从高的跌落高度落下。独立包装可能受到 36in 或更高的跌落,80 个这些包装件的托盘装载在任何情况下都不会受到这样的威胁,除非出现最不寻常的情况。如果单元化装载预期的跌落水平产生的速度变化比临界速度变化水平低,那么,破损能防止。当然,如托盘装载后被拆卸,包装件单独运输,那么,从更高处的跌落曝露又回到流通中了。

一系列破损边界试验的一个意料之外的结果就是观察到临界速度变化测试的

破损模式与临界加速度测试的破损模式不同。例如，假设一个被测试的高脚玻璃酒杯侧着放置。假定临界速度变化试验时破损模式是高脚杯口的破碎，假定临界加速度试验时破损模式为酒杯的脚（图11-8）。

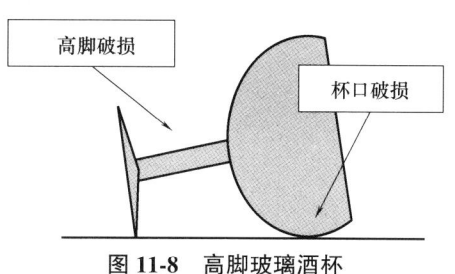

图 11-8　高脚玻璃酒杯

破损边界的定义包括一种特定类型的破损。如果破损定义改变，就有一个不同的破损边界。相应地，我们不期望一个系列破损边界导致不同的破损形式。称之为双模式破损边界最好的解释可通过如图11-9所示的两个破损边界之间的广义关系表示。

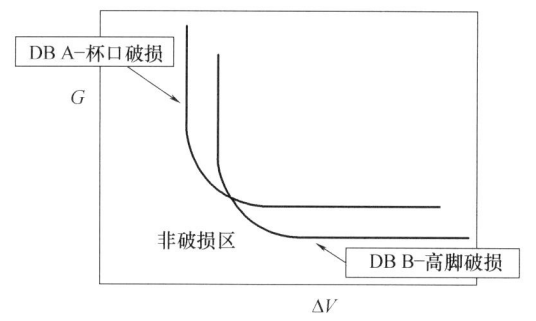

图 11-9　双模式破损边界

在这种假设情况下，系列临界速度变化出现了两种破损形式之中较低的那种，即杯口破损。当进行系列临界加速度测试时，再次发现了较低水平，但是这次是另一种破损形式，即杯脚破损。

第 12 章
流通产品设计

12.0 目的

本章介绍产品的完整性即关于产品承受预期流通中危害的能力和任何必要的保护性包装研发过程。也考虑包装成本与产品破损间的权衡。

12.1 产品坚固性与流通危害

保护性包装弥补了产品固有的坚固性和物理流通环境遇到的危害水平间的差距。最有效的包装设计会提供正好足够的保护以便产品可幸免从制造地到终端用户行程中遇到的危害。图 12-1 表示了流通危害严酷性、产品的物理完整性和包装保护能力之间的关系。流通环境危害水平用该图上方的粗黑条表示。产品坚固性用非阴影条表示，并在各种产品/包装比较中保持不变。包装的保护水平表示为阴影部分。注意到，最佳的产品/包装系统会正好等于流通环境的需求。如包装不能填充差距，产品破损就会产生；如包装加了比需要更多的保护，结果便是

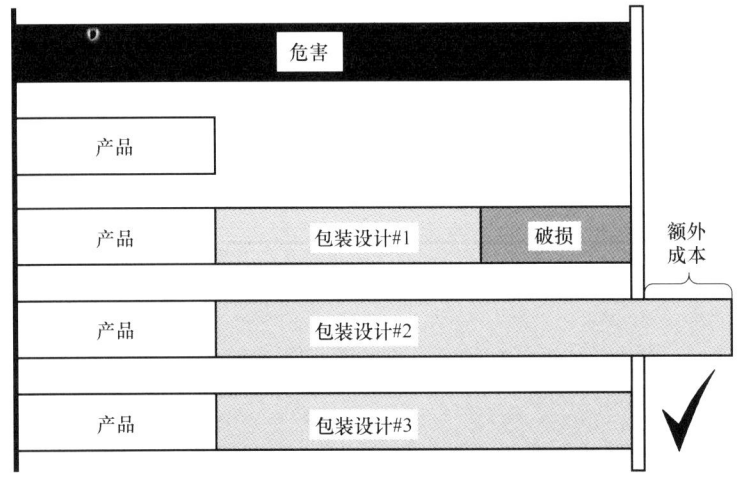

图 12-1 流通危害严酷性、产品物理完整性和包装保护能力间关系

过包装，出现了不必要的成本增加。应该注意，抵抗流通危害的产品保护水平也能够通过或者改变固有的产品完整性，重新设计产品，或者在最终减低环境危害水平的流通上做出变化。

12.2 保护性包装成本

图 12-2 示意了包装成本与破损成本间的权衡关系。很明显，破损随着包装成本增加而减小。常常未知的是这两个因素变化的速率。如果承运商希望把破损水平减小到零或者接近零，成本将大幅增加。关于破损的实际水平和在公司会计系统内的成本之间经常存在不一致的估计。为了对整个运输渠道的商品提供充分保护，具有挑战的是，用最优化的研发过程确定最划算的类型、形式和包装材料的用量。

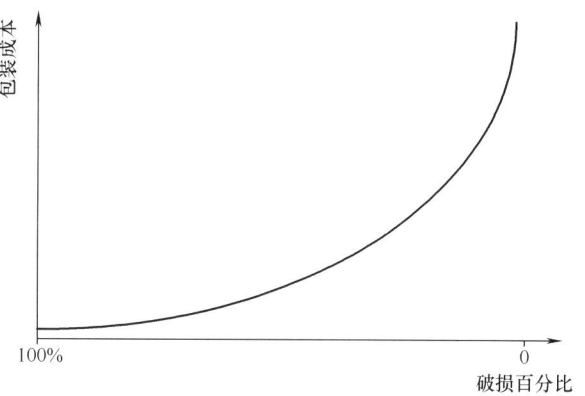

图 12-2 包装成本与破损成本间的权衡

前面曾提到，致力于最佳包装设计的研发有三种方案。根据流通危害的性质，产品能得到改进。通过设计一个更坚固的产品系统，所需包装的量可减少。减小运输危害的严酷性也是有可能的。例如，如果产品对长途运输载重卡车的振动破损敏感，承运商可以将钢板弹簧卡车换成空气悬挂卡车，这样就减小了运送中产生的振幅。卡车运输可能的成本增加可以通过降低的产品破损或降低包装支出来补偿。

12.3 研发保护性包装系统的指导原则

即是一个包装件的四个基本功能：容装；沟通；性能；保护。

在此讨论的最重要的功能是保护。为了研发保护性包装系统，产品的物理完整性必须彻底评估，物流危害必须量化以及包装材料的性能特性必须确定。根据收集的数据来设计和测试保护性包装。如包装系统失效，重新设计并再试验。像第六章提到的，ASTMD 6198（2009）提供了运输包装设计的准则。研发过程的关键点如下：产品零部件物理特性的知识；市场规划和流通模式的知识；流通环境中的危害水平；包装设计方案的可行性。

这些考虑因素归纳在如图12-3所示的框图中（前面第6章提到过）。该框图表示了保护性包装设计中涉及因素间的双向关系。三个因素列出如下：流通危害；产品坚固性；包装材料性能。

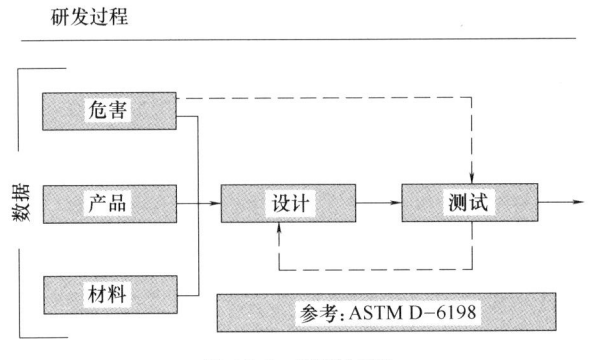

图12-3 研发过程

12.3.1 产品完整性

产品的物理完整性必须根据产品特性的知识来确定。产品可能对物理力，如冲击、振动或压缩敏感，也可能对温度或湿度敏感。另一个要考虑的是制造上的一致性程度。本教材前面描述的许多试验程序都假定产品试样在其整个完整性或坚固性上是一致的。不一致的制造使得提供一致的保护性有困难，除非使用某种程度的过包装来应对其中最薄弱的一部分。

12.3.2 物理流通危害

必须定义和测量物理流通。环境数据记录仪可用性上的改进已能产生大量的流通中各种各样参数的信息。建议就运输车辆、公路或铁路和搬运系统的变化进行持续审定、重新定义并重新测量流通环境。ISTA Project 4AB 提供了一个基于网络的试验研发程序。该程序依靠各种流通模式、搬运事件和地理位置环境曲线组成的数据库。目前已经做了许多努力和尝试确立各种数据文件的搜集并使数据集具有可比性的手段方法。

12.3.3 包装材料性能

包装材料供应商具有他们所供应的包装材料的宽泛性能数据集。掌握用于研发和分析该数据的特定规程十分重要。第7章提出了几个不同方法确定缓冲材料的冲击性能特性。也注意到，为了振动保护的衬垫性能还未由试验标准定义，但基于公认的常用行业惯例已颁布了。

第 13 章

运输容器设计

13.0 目的

本章将聚焦堆码情况下瓦楞纤维板运输容器及性能的研究与开发。瓦楞箱在大气、时间及其搬运条件下承受顶载的能力是有效运输包装系统的一个关键部分。

13.1 一级包装、二级包装、三级包装和单元化集装

包装是依照层来考量。最靠近产品的是一级包装,一级包装的外层是二级包装。多层二级包装可由三级包装加固,多个三级包装件捆绑成一个单元化集装。早餐谷物包装就是一个好的例子。一级包装是一个柔性薄膜袋,提供对湿气或其他气体的阻隔性。袋子装在一个折叠纸盒里,该纸盒提供品牌、产品促销信息、营养标签和使用说明的信息空间。几个纸盒放进一个提供易搬运和保护免受流通危害的瓦楞运输容器里。这些运输包装件形成单元化装载以便运输、仓储并在某些情况下零售展示。

每一层(当存在时)完成对特殊材料及形态(即包装)具有唯一性的功能。单元化装载或谷物的二级纸盒包装对湿气不是一个有效的阻隔,一级袋子也不能提供堆码强度或搬运效率。运输包装件通常在促销广告方面不是很有效,尽管俱乐部超市和其他购买点(POP)的包装正在改变着该功能组合。虽然有这种关系,但包装系统的每一层需要证明其存在性。系统的目标就是优化协同工作的成本及可持续性和市场目标等部分。

13.2 容器与环境关联

国际安全运输协会(ISTA)赞成一个称作"恰到好处的运输包装"的愿景,该愿景描述为"包装要满足产品保护性需求以及满足产品承运者和用户的经济性和环境需求(ISTA 准则,2009)"。这种理念在运输包装方面没有比设计顶

载与堆码的保护性包装设计更明显的了。该目标就是有效（正确工作）和收效大（利用最少的资源）。这种平衡要求设计团队懂得挑选的材料和包装形态如何工作以及包装系统将面对何种特定的环境危害。

13.3 瓦楞性能

像所有纸基包装材料一样，瓦楞纤维板性质对组成材料的含湿量敏感。当瓦楞周围空气的相对湿度变化时，纸板的含湿量也变化，最终达到一个平衡含湿量。这个过程会产生滞后效应，以至于周围的相对湿度从低变高（比如30%到50%）比从高变低（比如80%到50%）会导致更低的平衡点（Twede，2005）。材料组分的特性也会出现自然环境湿度循环的影响（Laufenberg，1991）。增加的含湿量一般会减小瓦楞纤维板的强度和承载能力。瓦楞组分（面纸和楞纸）的特性会大大影响组合板即瓦楞板的强度和性能，瓦楞的特性会严重影响由它构成的容器的性能。容器的强度和性能影响本身承受顶载的能力。从而影响特定应用场合的适应性。湿度只是影响顶载环境下容器性能的诸多变量之一。施加载荷的时间、施加载荷的特定对齐方式、容器下的支撑、容器的尺寸和材料，所有这些因素均是重要的贡献者。

13.3.1 材料性质

瓦楞板由纸板产品构成。面纸形成平展部分，而楞纸是波纹部分。强度较高的纸产生强度较高的瓦楞纸板。组分的强度用许多方式度量。环压试验和STFI试验能给出用于估计组合板强度的值。环压标准试验方法是TAPPI T818和T822。STFI是短柱式抗压强度试验（STFI为瑞典语缩写，指瑞典制浆造纸研究所）。

环压性能与纸板中纤维量相关，于是，与纸板的基本重量相关。其他制浆造纸变量也影响环压结果。瓦楞纸板生产者利用环压值作为输入来设计满足瓦楞纸箱及应用特定需求的组合纸板。许多纸板生产商制造了一套不同等级的标准瓦楞纸板，以及为满足巨大批量需求生产定制纸板。用于标准瓦楞的特定面纸和楞纸组合，其一批生产与另一批生产可能有所不同。

13.3.2 瓦楞纸板性能

瓦楞纸板有很多试验。详细信息可翻阅美国佐治亚州诺克罗斯的TAPPI国际部。估计瓦楞纸箱抗压强度关心的两个特性及试验是组合板厚度和边压试验（TAPPI T811）。边压试验（ECT）就是在瓦楞方向给纸板试样加载（图13-1），其结果是引起倒塌时所需的力，用每英寸试样宽度的磅·力（kN/m）来表示。

瓦楞纸板厚度用TAPPI T411度量。要用到两个重要的注意事项。第一，瓦楞纸板的厚度与结构中楞的高度不同。差别实质就是所有面纸的厚度。第二，要注意的是，基于实验室的纸板厚度很可能不同于纸箱中材料的实际厚度，这是由于材料经过了被转换为箱子的各种过程。这种情况也适用于实验室的其他测试以及与实际使用特性相比较的场合。

13.3.3 容器性能

纸箱的大小是抵抗顶载能力的一个因素。另外，纸箱式样、制造质量、印刷程度、纸箱长、宽、高比值也影响性能。楞的方向是一个重要考虑的因素，与其他两根轴向比较，垂直楞能提供更好的纸箱加载的结果。抗压强度可通过隔档和面纸的使用而增强。

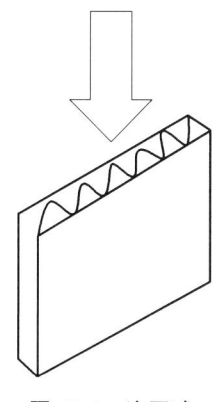

图 13-1　边压试验（ECT）

13.4　影响因素

实际的流通环境堆码强度可以通过使用基于试验的因子和应用于纸箱特性的那些因子来完成。表 13-1 提供了广义的乘子形式因子（纤维箱协会，2005）。要注意，这些因子出自同一来源，其中许多已经改进了。表 13-1 包含了这些因子的使用。

表 13-1　环境堆码因子

环境条件	因子(乘子)	环境条件	因子(乘子)
相对湿度-50%	1.0	仓储时间-180 天	0.5
相对湿度-60%	0.9	托盘试样-柱式堆码、对齐	损失忽略不计
相对湿度-70%	0.8	托盘试样-柱式堆码、未对齐	0.9-0.85
相对湿度-80%	0.68	托盘试样-互锁	0.6-0.4
相对湿度-90%	0.48	托盘悬空（箱子超出托盘边缘之外）	0.8-0.6
仓储时间-30 天	0.6	野蛮装卸	0.9-0.6
仓储时间-90 天	0.55		

13.5　纸箱抗压试验

纸箱抗压强度试验（BCT，即抗压强度 CS）指的是瓦楞纸箱可能的自顶到底最大的压力载荷，它是在可控的条件下在实验室测得的。重要的是，要注意 BCT 与瓦楞纸箱流通环境中实际使用的承受载荷能力不一样。该特性通常叫做堆码强度（SS），总是小于 BCT，可以根据 BCT 使用环境因子来估计。纸箱抗压强度可以通过两个方法之一来确定：估算和实验室测试。

估计纸箱抗压强度的计算基于麦基（McKee）和其他人在 20 世纪 60 年代及后期（McKee 等，1963）开创性的工作。纸箱材料与结构特性及纸箱性能之间关系的研究导致了估算 BCT 的公式。该公式被简化后可用作为瓦楞纸箱设计的替代方法。众所周知的 McKee 公式如下：

$$BCT = 5.87 \times ECT \sqrt{P \times Z}$$

式中，BCT——纸箱抗压强度试验值（在标准条件下估计实验室测试的结果）

ECT——边压测试值，lbf/in.

P——纸箱周长，$2L+2W$，in

Z——组合瓦楞板厚度，in

McKee 公式的使用是有限制的，它不适用于任何大小及结构情况。重要的是，注意该公式只提供了对实验室结果的估计。只要可行，所计算的评估值不应该作为代表性试样实际试验的替代者。实验室测试是度量 BCT（按定义）的一个途径。利用压力试验机的试验方法标准化了。ASTM D-642 是广泛使用的标准。试验用的纸箱放在两个平行的压盘之间，一个压盘被驱动向另一个压盘移动，给箱子施加一个挤压力。另一个压盘装备有测力仪，测量和记录力。同时，在大多数情况下，用另一个仪器测量载荷下箱子的变形。

依照标准，压盘以 0.5in/min（13mm/min）的速度移动。现在用的是两种压盘的布置方案。在固定压盘布置中，压盘被支撑以便测试时保持平行。在浮动压盘布置中，允许一个压盘围绕中心支撑旋转，这就使得当边缘和侧壁出现变形和失效时，压盘会因纸箱的变形而随动。固定压盘被认为更具重复性，浮动压盘的使用条件更具代表性。丝杠和液压系统用来产生压盘的移动及力。常见的是计算机控制使用仪器。在能力方面，试验系统有产生 1000 到 5000lbf 的最大力（4.45 到 22.24kN）的小型台式装置，也有具有 50000lbf（222.4kN）能力或以上的大型托盘装载测试仪。

数据通常按照数字读数呈现，可画成力（Y 轴）与变形（X 轴）图。为了提供一致的度量纸箱变形的起点，变形的零点是根据较小的力水平确定的。否则，当压盘首次接触到测试中的纸箱时，力会开始增加，但很小，几乎为不可检测水平。零—变形力由下列瓦楞纸板类型确定：

单瓦楞：50lbf

图 13-2 典型的压力试验系统

双瓦楞：100lbf

三瓦楞：500lbf

13.6 堆码性能

这些计算和试验的最终目的是估计和预测包装系统流通的堆码性能。关键参数的关系可由下列框图（图13-3）来表示。

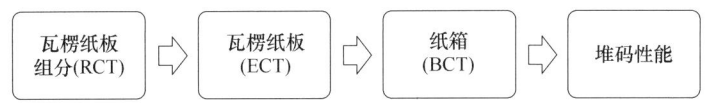

(注：RCT-环压测试值；ECT-边压测试值；BCT-纸箱压力测试值)

图13-3 关键参数间关系

堆码性能的预测便是基于这种评估。只有最信赖的数据会使用这样的预测，因此，我们不必特别小心和无需怀疑地去使用。

无论在该过程的任何地方，实际测量值都可以代替估计值或假定值。如可行，应进行替换，而不是用组分的 RCT 来计算 ECT；利用实际纸板并试验来确定 ECT，而不是利用 ECT 来估计 BCT；获取代表性的试样，完成实验室测试来确定 BCT；而不是假设 85% 相对湿度的环境曝露，启动一个程序来测量关注点的环境条件。运用相同的因子确认仓储时间和其他的因子量值。实际测试总是胜过估计和假定。

可能的最好数据一旦有了，适用的环境因子、相对湿度、仓储时间、对齐方式及其他，并通过各因子相乘用于 BCT 估算上。例如，一个纸箱测得 BCT 为 800 lbf.（3.56kN），将用于流通条件，其中，仓储时间达 90 天，相对湿度测得为 70%。首选托盘堆码式样为互锁式。已知没有可用的其他因子。为此，综合环境因子和堆码强度计算如下：

$$F_{time} \times F_{RH} \times F_{pattern} = F_{combined}$$
$$F_{combined} = 0.55 \times 0.8 \times 0.4 = 0.176$$
$$堆码强度 = BCT \times F_{combined}$$
$$堆码强度 = 800lbf \times 0.176 = 141lbf (626N)$$

式中，F_{time}——仓储时间因子

F_{RH}——相对湿度因子

$F_{pattern}$——托盘堆码式样因子

$F_{combined}$——综合环境因子

此例中，采用了托盘式样的最坏情况因子。此计算的含义在于这个箱子不能用在顶载超出 141lbf 的环境里。例如，若箱子重 25lbf.（11.3kgf），用托盘装载八层定期运输，那么，顶载将是 (8-1)×25 = 175lbf（778N），这会是一个不可接

受的应用。实际上,此包装件堆码不应高于六层,即底层箱子顶部只能有五层箱子。这里也假设,无其他包装件码垛在该主体单元化装载之上,此种情况可能出现在混装或零担卡车装载运输环境中。

朝另一个方向,我们能计算特定情况下所需的 BCT。例如,预期 30 天的存储,80%RH 和保持对齐的柱式堆码托盘式样,无其他适用因子,箱子重 20lbf. (9.1kgf),堆 8 层高(无其他顶载)。

$$BCT_{minimum} = \frac{[W \times (l-1)]}{F_{combined}}$$

$$BCT_{minimum} = \frac{[20 \times (8-1)]}{0.6 \times 0.68 \times 1.0} = 343 \text{lbf}(1.53 \text{kN})$$

此刻,使用 McKee 公式和箱子尺寸,用该目标最小值 BCT 计算材料的最小估计值 ECT。这时,必须假定组合板的厚度,然后,是否适用检查具体的备选方案。这又是一个估计过程。应该尽可能使用测量来验证。

包装供应商和与之协同的包装用户的有价值贡献不可过分强调。供应商对自己的材料很了解,有能力选择合适的匹配材料和满足性能需求的结构。用户懂得应用细节,能提供关于环境条件和危害的关键数据。

用于估计箱子堆码强度的因子,包括综合因子,有时称为"安全因子"。因为因子用于代表已知的或假设的流通环境条件的影响,所以,首选环境因子即因子这一术语。安全因子这一术语用于代表附加因子,以考虑未知的条件或有意指定一个更坚固的设计。无论何时当对可能经历的危害实际程度不确定时,推荐使用安全因子。

第 14 章

内包装设计

14.0 目的

本章研究各种各样的包装材料及运输包装的内部技术。回顾缓冲和非缓冲解决方案。

14.1 隔振和变形

运输包装内保护功能可归类为隔离或变形。柔性材料，如发泡塑料、填充纸和纸浆模在流通活动（如跌落和车辆振动）的载荷作用下会变形。该变形使得这些力得到缓解。当包装落下撞击地板时材料产生变形，由此产生的冲击在一个较长的时间内扩散，从而减少了产品接受到的峰值加速度。这个变形及加速时间之"交易"便是缓冲的基础。变形材料可专门为所需的性能水平而设计（见第 7 章），或者可起到一般的缓冲和振动保护作用。

隔振也是内包装的一个重要功能。这些材料包括瓦楞和实心纤维板、泡沫塑料、木板和其他相当硬的材料。产品与外部环境隔离，防止了与包装周围环境的接触破损。减小外载使内包装变形起作用时，防止直接接触使内包装的隔振就生效了。

14.2 填充空隙

产品具有多种形状。当包装呈方方正正时，性能通常最好。异形包装的差异可由空隙填充来调节。目的是使内部紧密配合，避免因流通力而出现的过度移动。填充空隙的包装材料应该足够强大以保持位置、便宜、易用、重量轻，使运输费用最小。有许多种类的材料已经用于填充空隙，如填充纸、松散填料、充气材料和现场发泡塑料。空隙填充系统支撑了手动包装或半自动操作。

考虑一空隙填充系统时，涉及产品重量、待填充的空隙大小和就位的空隙填充材料的密度。确定材料是否允许在外包装容器内流动和沉降，因为会引起产品向容器壁移动，更易引起破损。要考虑填充空隙材料的单个大小或颗粒是否与产品的特性相容，如包装材料粘到产品结构上会造成破损。也要考虑收货及开箱作业的需求，寻求与流通环节终结端处的相容性。图14-1示意了在使用的充气包装系统。

图 14-1　充气包装系统

14.3　挡块

内包装挡块将包装内的产品或产品组分隔离，以使受到流通危害时的接触破损及产品或组分的移动达到最小化。相当硬的材料，如木料、组合瓦楞、纸浆模和硬泡沫塑料是有效的。

14.4　隔档、衬垫和衬里

在运输包装件内，使用纸板、瓦楞纸板、塑料瓦楞和其他材料、隔档、衬垫和衬里创建独立的保护单元。这种设计可以是简单的压痕与开槽板，或是更复杂的设计。图14-2是一简单的瓦楞隔档结构设计。如需要，隔档、衬垫和衬里也可与填充空隙、挡块和衬垫联合使用。瓦楞垫也用于填充开槽容器上短襟片之间的空间，从而为包装内容物提供一个两层表面。

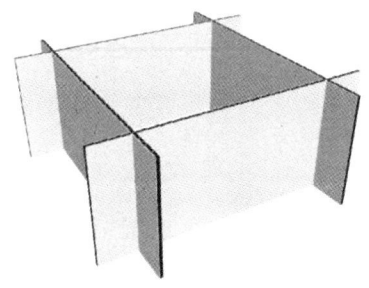

图 14-2　简单的瓦楞隔档结构

14.5 衬垫构型

衬垫为特定的性能设计，满足在目标设计跌落高度处所需的最大加速度水平。为了实现这些目标，衬垫大小确定的目的是控制衬垫上的静应力（重量/面积）。为此，衬垫大小和构型对衬垫性能很关键。所需的总的接触面积可以用许多设计方案来实现。面衬垫、端盖式衬垫、角及边衬垫都有效，图14-3表示了此例。

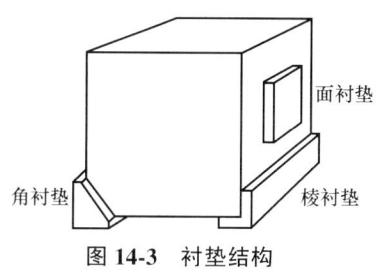

图14-3 衬垫结构

14.6 表面防护

内包装通常与产品的表面紧密接触。许多产品会因流通力引发磨损或划痕，从而造成成品表面的破损。可以借助特殊材料保护这些表面。简单的解决方案就是把产品放进塑料袋里。更苛刻的表面可以用一些软的纸基材料、泡沫塑料薄片（如聚氨酯、塑料薄膜、发泡聚丙烯片材或气垫材料）来裹包，达到防护的目的。这些材料往往有黏性涂层，它们会自粘，但不会粘在周围的物品上。这种特性对紧密裹包像家具腿这样的结构十分有用。

14.7 多件产品和套件

当多件产品包装在一个外容器里时，可采用将产品彼此隔开的方式，这时，内包装就实现了对产品的保护。该组合无论用于完成一件产品功能的标准化零件套件，还是用于供应特定客户订单的一次性产品组合，包装需要提供单独的保护和紧密配合，避免因流通力而造成的移动。

像塑料贴体包装这样的技术可用于套件包装。热塑性薄膜粘到具有热封涂层的瓦楞基材上，真空系统从塑料和瓦楞之间吸出空气。这就捕获了两者之间的套件零件，产品充当了塑料成形的模具（Selke，2004）。

医疗器械生产商和专门的重新包装人员把完成某一程序的医用工具套件放在一起。实际上，各种形式的无毒医疗器械都采用套件式包装，包括热成型带盖盘子、大小袋子和灭菌裹包物。

直接面向消费者的流通使内包装更具优势。随着成百上千种产品供选择，订单的特定组合变化很大。订单产品从库存里选择并给予包装人员，完成包装。适当大小的运输包装和合适的内包装是成功且无破损的输送给客户的关键。自由流动、充气及类似系统提供了非常柔性的解决方案，能够用于隔开和保护各种各样的产品。

第15章
单元化装载设计

15.0 目的

本章重点介绍利用单元化装载方式高效地运输多个包装件的工具和技术。

15.1 单元化装载的目的

流通的两个主要功能是运输——物理上使产品进入仓库和市场位置——和缓冲供需差异。每当一件包装产品从一地传送到另一地时,包装件搬运操作就出现了。让我们考虑一个简单的流通系统。从生产线末端出发,包装件被搬进一个成品仓库。当接收一个订单后,包装件被搬进待运输的车辆。当地车辆进入本地场所,在这里,包装件被搬上另一辆车。在遥远的枢纽,包装件从车里搬下,进行另一个搬运操作。该过程继续,可能经过更多的枢纽,然后是目的地场所。当包装件进入用户时,又增加了搬运操作。尽管数量随不同线路及不同承运商差异很大,但大多数包装件在到达市场之前被搬运了许多次。

这些搬运操作作为搬运跌落、撞击和冲击的来源以及作为系统费用的来源,对包装研发者来说很重要。多次搬运的成本会累积。例如,假定工人手工搬运包装件每小时挣15美元,每个包装件花0.5min在选择、抓牢、移动到附近位置、放置、返回。在产品流通周期中假定平均搬运八次。每个包装件费用总计$1.00。在某些情况下,这可能比包装成本大。

通过合并即将包装件一起运到相同的地方,能节省许多人工搬运的成本。一组包装件无论是相同的还是不同的,为了提高效率和降低每个包装劳动力成本,移动并一起搬运。这些单元化装载(即集装)可能是在托盘上,或在其他搬运装置上,或用托盘搬运车、叉车、夹抱车、或其他设备搬运,或由薄膜裹包、捆扎和其他方法固位。

15.2 搬运方法

单元化装载实质上是大尺寸的捆扎包装,所以,比最常见的人工搬运包装件更大、更重。约 4ft 长、4ft 宽和 4ft 高（1.2m×1.2m×1.2m），约重 1000lbf（450kgf）的载荷，认为是常见的。这个大小和重量意指需要某种机械辅助搬运。

在托盘或薄衬板上由一些小包装件构成的单元化装载可通过手工和自动码垛机完成。一旦组装好，单元化装载可通过托盘搬运车、动力提升系统、叉车和自动导向车移到传送带上。集装货物储存于地板上，或各种类型的架子上和自动化立体仓库中。搬运用专门的叉车，其前部的安装叉位于底部托盘空间内，能提升、运动、放荷载在托盘搬运车上，将一个荷载堆到另一个荷载上并装车。图 15-1 为一代表性的叉车，用于托盘装载（Wikimedia Commons）。装卸车具有能将荷载举起相当高的优点。用专用起重立柱，荷载可堆在另一个荷载上或放于高度为 12ft（3.7m）或更高的架子上。其他类型的叉车专门为了进入荷载空间或为了沿狭窄的过道行驶而设计的。叉车动力来自以汽油、柴油和丙烷气体为燃料的内燃机，也有电动升降机。实心轮胎车通常限制于光滑地面、室内应用场合，而气动轮胎车在室外或不平地形中进行操作。为移动（而不是升起）托盘载荷，可以使用托盘装卸车或动力提升装置。虽只可能举起几英寸高，但举起后的载荷能容易移到位和装卸车。人工托盘装卸车升起动力是通过手柄抽吸和启动液压提升系统而产生的。人工托盘装卸车已经使用了许多年，曾经被 1918 年 12 月期科普杂志宣布为"新型车"。图 15-2 为人工托盘装卸车照片（Wikimedia Commons，Sterkebak，2008）。

图 15-1　代表性叉车

图 15-2　人工托盘装卸车

15.2.1　托盘与运输平台

托盘是一个给多个包装件提供的稳定平台,通过合并使它们成为单元化装载,从而搬运高效。据估计,美国平时使用着 19 亿个托盘（Pallet Talk,1999）。托盘由实心木板、人造木制品［如胶合板、定向刨花板（OSB）、模制木材］、瓦楞与实心纤维板、纸浆模、各种塑料和金属（通常是钢材或铝）制成。托盘设计式样分为两类：纵梁式设计和块状式设计（Clarke,2004）。特殊托盘设计式样的承载能力受材料结构和其他因素的影响。轻型托盘由纸质产品构成,与重型木质、塑料或金属托盘相比,承载小,成本低。选定托盘设计和材质时,应该考虑根据应用场合所需的能力、托盘的初始成本、复用的可能性。

托盘大小包括为了特定应用的定制尺寸和许多"标准"尺寸。北美常用尺寸见表 15-1（Mangun 和 Phelps,2002）。

表 15-1　　　　　　　北美常用的 10 种托盘尺寸-2000

托盘尺寸-in(近似 mm)	产量排行	典型工业
48×40（1200×1000）	1	便利店、其他工业常见
42×42（1050×1050）	2	电信、涂料
48×48（1200×1200）	3	制桶
40×40（1000×1000）	4	国防部、水泥
48×42（1200×1050）	5	化工、饮料
40×40（1000×1000）	6	奶品
48×45（1200×1150）	7	汽车零件
44×44（1100×1100）	8	制桶、化工
36×36（900×900）	9	饮料
48×36（1200×900）	10	饮料、屋顶板、包装纸

常用的托盘尺寸在世界各地不尽相同。ISO 6780 认可了表 15-2 中的尺寸,包括最常用的北美尺寸（ISO 6780,2001）。

表 15-2　　　　　　　ISO 6780 认可的托盘尺寸

公制(mm)	尺寸(in)	应用区域
1200×1000	47.24×39.37	欧洲、亚洲
1200×800	47.24×31.50	欧洲
1219×1016	48.00×40.00	北美
1140×1140	44.88×44.88	澳洲
1100×1100	43.30×43.30	亚洲
1067×1067	42.00×42.00	北美、欧洲、亚洲

大多数托盘为了复用而设计,此特性对托盘化运输的系统成本很重要。一般地,托盘越坚固,需要维护或处理之前历程就越多。尽管结果在流通系统内部和系统中会有大的差异,但是以年为单位测得的托盘使用寿命已有报告。当然,适当的检查和维修则是必需的(Crampton,1998)。

John Clarke 建议托盘设计及技术规格要考虑五个关键因素:强度、刚度、耐久性、功能性和购买价格。对这些因素中任何一个进行优化可导致一个子优化系统解决方案。这些因素需要根据搬运的产品和流通环境进行平衡。托盘是包装和搬运设备之间重要的界面(Clarke,2004)。

定制的运输平台或货盘能用于非规则尺寸、专门的运输、重型装载和严酷的流通环境。重型产品固定于平台上确保移动最小。运输平台常常与封闭板条箱,实心箱或夹板箱结合使用。规定有使用适当的设备配套叉车进行搬运的条款。

15.2.2 无托盘搬运

除了常用的托盘系统,也可以不用托盘、货盘或运输平台而创建、搬运、码垛和运输单元装载。这种情况下要用专门设备,有两种主要方法。

第一种方法是用薄衬板。它不是托盘,是瓦楞、实心纤维板或重型塑料板。独立包装件码垛在薄衬板上建立了一个单元化装载。通常使用稳固系统,如拉伸裹包或带捆。集装货物由称作叉车前部的推-拉机构的专门装置装车。一种特别的抓手伸出抓住薄衬板的外露边缘,薄衬板和它上面的包装件就拉上了卡车,进入一个固定于卡车上的大的、平的金属平台上,这里没有使用常规的叉车。为了拆卸集装件,推杆架把集装件从平台上推下,放置到地板或码垛位。薄衬板装载需要完全的底部支撑,薄衬板不够刚性,则无法支撑荷载。薄衬板可以有一个或多个边缘,以便从不同方向来抓。图 15-3 表示了薄衬板搬运设备(Noble 发行网站)。

图 15-3 薄衬板搬运设备

第二种方法是用夹抱式搬运。夹抱装置由安装在升降式装卸车上的两个大的立式、相互平行的压盘构成。这些夹抱钳有附件和控制装置,它们可通过液压缸相互驱动。操作时,压盘张开,装卸车就位,让压盘在荷载的另一侧。关闭开口,直到压盘压到荷载上,荷载受到压盘挤压。当荷载被举起时,为保持包装件在压盘之

图 15-4　夹抱车搬运情况

间，要施加足够的力。压盘表面和载荷之间的摩擦用类似橡胶的材料衬在压盘上而得到增强。所需提升荷载的力是包装材料摩擦系数和包装重量的函数。由于包装件的几何结构，水平夹紧力不会从一个包装件传递给另一包装件，会造成集装件没被夹住，包装件可能会从压盘之间掉下来。图 15-4 表示了一夹抱车搬运情况（MD 装置网站）。

一个专门的无托盘搬运系统利用升降车装置从顶部提升独立包装件，叫做 Basaloid 升降机。包装构造特殊，即顶部侧面有一个口袋。该装置有一个适于口袋内部的配套边缘，以便提升。该系统使用在电器工业中。

15.3　托盘式样和效率

无托盘单元化装载基于独立包装件的大小创建自己的单元化荷载空间并通过定位，形成一集装件。用一个托盘单元化装载系统，单元化装载由独立包装件的几何结构和托盘尺寸来驱动。如果包装件能够排列得完全适合托盘表面，那么，形成的单元化装载就高效，托盘大小确定了单元化装载的空间。集装件的整个外部长度、宽度和高度确定了单元化装载的外轮廓。就描述的高效装载来说，包络面填满包装产品。当然，许多包装几何体不适合这个高效准则。

当托盘上包装件的排列未达到托盘的各边缘时，托盘确定了托盘空间，但在托盘装载包络面内部存在着空的托盘面积和空间。空的空间意指只有不多的包装件装进车里或进入到仓库存储位置。这些低效率的排列是昂贵的，因为需要更多的存储空间或更多的搬运。最好的策略就是排列组合包装件使其在托盘上的空面积和集装包络面内的空空间最小。如可能，改变包装件尺寸来增加效率。即使是微小的变化也能产生令人印象深刻的结果。

考虑一个例子。一个包装件外尺寸为 8.1in×6.1in×5in（206mm×155mm×127mm），要在尺寸为 48in×40in（1219mm×1016mm）的托盘上码垛成单元化装载，堆高最大 35.5in，含 5.5in（140mm）托盘高。每层最适合（垂直高）36 个包装件，六层高，每个集装总数 216 个包装件。若把包装件长和宽变为 8.0in×6.0in（203mm×152mm），每层适合 40 个包装件，每个集装总数达到 240 个包装件。假设多出来的重量不会造成任何后果，多的 24 个包装件实质上以相同的成本参与了运输。立方效率从 92.6%提高到了 100%。

15.4 车辆装载效率

用于单元化装载的原则很大程度上也同样适用于车辆装载。如上述例子，一辆 40ft 标准厢式挂车（拖车）容纳 42 个托盘货物。车辆装载的区别是将长、宽各减去 0.1in（2.5mm），车辆多装了 1008 个包装件，即多装了 10%，也就是以相同的成本多运输了 10%。

为了决定最好的托盘排列或托盘式样以及最好的装载排列，计算可能的尺寸变化带来的后果，如用手算的话很难。托盘式样可能简单或很复杂。用计算机软件判断和寻求最佳的堆码式样能代替艰苦的工作。除了能得出托盘堆码式样和车辆装载外，软件允许调整一级包装容器尺寸或容积，并估计所需的堆码强度以及其他功能，也能够优化多个混合包装件的装载。图 15-5 表示了根据托盘和车辆信息，用软件 CAPE Pack 的一实例输出。

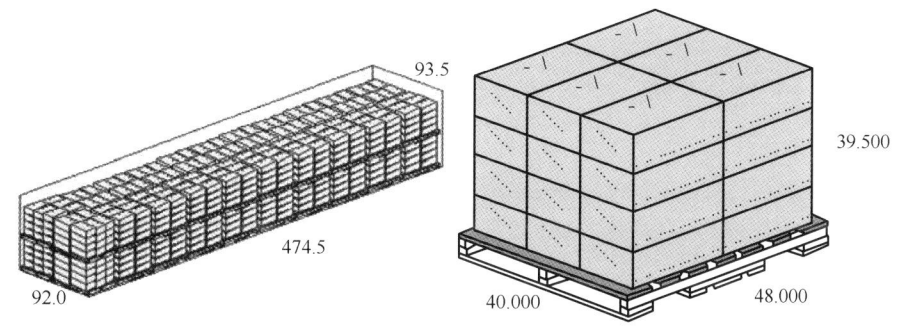

图 15-5　软件 CAPE Pack 的实例输出

15.5 装载稳固性和完整性

良好的规划和有效的单元化装载是保护性运输包装一个好的包装系统设计步骤。但最好的单元化装载本身不会做这项工作，除非将设计放在原地不动。流通、振动、冲击、撞击的所有力很快会使单元化装载重新排列，甚至造成分开，使包装件跌落或被压溃。单元化装载中独立包装件会放大某些振动频率，加剧解体排列好的码垛。为此，集装的完整性和稳固性必须保持。可用的技术归类如下：裹包；捆扎；黏结及其他。

单元化集装包括收缩裹包和拉伸裹包。收缩裹包式集装从用制造的定向塑料薄膜开始，当它被加热时会收缩。裹包好的集装件将加热，薄膜收缩，集装件便稳固了。拉伸裹包使用一卷薄膜，通常是线性低密度聚乙烯（LLDPE）。也有用

EVA共聚物或聚氯乙烯（PVC）。当薄膜用于单元化装载时就被拉伸。大多数拉伸裹包机使用20in宽的材料卷，薄膜厚度通常为50~80gage（0.0005~0.0008in即0.013~0.02mm，注：gage是一种长度计量单位）。拉伸膜有透明或彩色两种。如要求一侧紧贴这样的特性以减少对相邻荷载的黏附时，规定用共挤技术生产的薄膜（Selke，2004）。也有用拉伸网的，是为了使空气在集装件内循环，这对于像新鲜果蔬这类产品是需要的。拉伸薄膜处于弹性阶段，因此，它会试图恢复施加的部分拉伸。这种橡皮筋效应一样将集装中的包装件集中在一起，适当用力时，赋予了集装件的稳固性。使用高达250%的预拉伸，能提供恢复力使集装件保持在一起（Selke，2004）。集装货物底座和顶盖、L形护角板及类似附件都能在裹包过程中捕获，这样，进一步确保了流通中集装件的稳定性。拉伸裹包可以用手工或半自动或全自动设备操作。常用的裹包机利用一个转台系统，当施加薄膜时，集装件在旋转。

带捆即捆扎，也在保持单元化荷载稳固性方面有效。金属和塑料带也都可使用。钢带强度很大，通常与刚性集装件配合使用。塑料带由聚丙烯和聚酯塑料构成，具有随集装物移动或变形时维持带子张力的拉伸和恢复能力（Signode，2009）。

码垛黏结剂用少量黏结材料于单元化装载的独立包装件上。黏结剂保持包装件不会互相移动。如适当使用，黏结剂会维持稳定性，但不可太多使用，以防使托盘装载物分开时有困难。黏结剂可用手工或自动化设备来施加，通过喷雾、珠或点状形式使用。

也使用其他的托盘稳固方法。胶带用于稳定集装物方面类似于拉伸裹包的方式。当要在单元化装载层附近应用时，大的弹性带很有效，尤其当那些集装货物暂时移动或工序间移动时。绳子同样被使用。当层间的瓦楞或实心纤维板或重型纸张（称作隔板）与其他方法结合使用时，也可以帮助稳固集装货物。

第 16 章

行业选择考虑因素

16.0 目的

本章讨论当研发保护性运输包装时某些特殊的产品类型。

16.1 高价值易碎品

先进技术，如破损边界、缓冲垫性能设计和随机振动，用于包装上首先集中在计算机行业和高价值易碎品相关制造中。高端消费品，如电视机和电器也是较早的应用者。对这些产品，运送中如出现破损后果将是严重的税收流失、更换费用、运输费用和潜在的商誉损失。除此之外，通过应用现有的最佳技术，昂贵的产品能支持研发高性能包装所花的额外人力和财力。

高价值产品使用好的包装研发技术最大的潜在优点之一就是获得了利用产品测试结果改进产品及包装的机会。例如，破损边界试验确定了产品的最脆弱零部件。它对产品使用寿命期间的破损也很敏感。若产品测试的结果使产品强度更大，那么，产品的整个完整性及质量能获得改善。更坚固的产品需要便宜的包装，这就是一种节约，反过来，对产品改进成本是一个补偿。

当为高价值产品研发保护性运输包装时，研发和试验的样品可用性常常是一个问题。一个可能的解决方案就是进行两阶段的包装研发。基于产品寿命早期阶段具有的信息量，阶段一产生一个保守的设计。这个包装设计很可能比需要的性能高，于是，比最佳设计更贵。这会是一个低风险的包装。在生产启动和测试样品随时可用后，阶段二尽可能早些出现，目的是微调和改进初始设计，减少成本。这种设计应该更接近于性能和成本的最佳权衡。

16.2 受管控行业

包装受许多其他行业管控，包含危险物、食品及保健品包装行业。在这些行业中，与市场、运输、保护和其他职能相关的包装研发中必须的正常要求可能会被监管机构放大或限制。

影响包装的规定来自许多不同类型的组织实体,包含政府部门、行业协会和国际组织。表 16-1 列举了其中一部分。

表 16-1　　　　　　　　　　不同类型的组织实体

组织类型	组织	法规
美国政府部门	美国食品和药物管理局	21CFR
	美国交通部	49CFR
	销售产品安全委员会	16CFR
行业协会	美国卡车运输协会	国家汽车货运分类
	美国铁路运输协会	统一货物分类
	国际航空运输协会	危险物品规定
国际	国际标准化组织(ISO)	政府部门参考的各种 ISO 标准

16.2.1　食品包装

一般地,食品包装规定对运输包装影响不大。这些规定的大多数是关于食品安全与功效方面。例如,与食品接触的包装材料使用以及产品标签的细节方面会被监管。

尽管食品与耐用品比较时,价格低,但食品包装如使用最好的现行设计技术会产生显著的结果。一个关键的优点就是大多数食品批量运输。微调一下包装设计,每个独立包装件即使节省非常少量的钱和材料,当乘以运输量时将会是很大的节约。

甚至,产品的脆值试验也适用于食品及其包装。为了观察对冲击破损的敏感性,如苹果这类食品也已经过了测试(Wu 和 Wang,2007)。此类信息对水果的收获及其包装研发和加工设备的研发或规范都有用。

16.2.2　保健品包装

医药和其他保健品的包装对一级包装(与产品接触)有特殊要求。另外,包装系统的保护能力也很重要。保健品运输系统像其他产品一样,要仓储、运输和搬运。于是,保健品会像其他产品一样经受各种外力。

如像无毒医疗器械的 ISO 11607 法规指明的那样,医疗器械包装检验的一部分就是流通环境中的绩效评估(ISO 11607-1/2,2006)。可使用如 ASTM D-4169(2009)和 ISTA Procedure 的标准试验,以及定制的或给承运商推荐的程序(ISTA Procedure 3A,2009)。

16.2.3　危险物品包装

为了公众安全,危险品的包装受到广泛监管。通过运输渠道移动危险品,使某些包装与人发生接触,所以,会对个人伤害和财产损坏造成潜在危害。因此,政府部门(如美国运输部)和行业协会(如IATA,即International Air Transport Association 国际航空运输协会)颁布了法规。在联合国出台示范法规后,这些文件的大多数成了典范。这些法规在世界范围内类似,尽管不配套,但持续趋向一致化。

联合国示范法规强调性能测试,并称作为性能导向包装(POP)。该系统不是规定材料和独立包装的结构,而是授权各种不同材料和包装类型。无论选择何种授权的包装件,必须通过一系列待认证的试验。为了得到应用,必须得到认证。

危险品性能试验包括跌落试验、顶载码垛试验和振动试验。包装件也要进行相容性评估试验、压力试验、密封试验和其他试验。测试水平与运输物品的危险程度相关。例如,1.8m(5.9ft)高的跌落试验用于包装类别1(最高危险产品)(美国运输部,第49篇)。具有特别危害的产品,如传染物质和放射性物质须接受特别关注和严格试验。

16.3 定制及小批量产品

高价值产品对产品测试的试样使用提出了高水平的要求,如共振和冲击破损边界以及为了包装研发和运输前的试验。极端情况是,只有几个或几十个生产量的定制产品使得获取真正试样并进行试验几乎不可能。在这些情况下,为了遵循合理的设计进度,必须做一些假设。可以运用有些好的原则,尽管它们可能是一般性适用,而且不知道特定的性能需求,仍然会为项目提供成功的机会。类似产品过去的经验也是有帮助的。

为冲击和振动输入设定考虑周全的限度并监视运输过程中的定制产品会很有用。根据监视仪器的记录,如果超过预先设置的限度,那么,应该采取适当的措施,检查产品是否出现任何破损或影响操作或因误调整造成过早的寿命失效。若监视仪器的记录均低于预设限度,那么,可认为产品处于可接受的到达状态。

第 17 章

包装性能测试

17.0 目的

本章概述用于评估包装性能的各类试验。讨论基本试验设计元素并为用户列出各种性能试验项目。

17.1 运输/现场试验

从破损和有问题的视角看,运输试验常常被认为只不过是把试样载荷放在一起,并经过一个长途旅行把它送到一个是某个目的地再返回。这些试验经常花时间、昂贵并非重复。这样的运输试验在实验室按照试验规程进行,结果可能常常令人沮丧,虽然在可控条件下实验室的性能测试能给出更加一致的结果。实际上,如果适用于正确场合,运输试验会是产品/包装系统性能评估的有用形式。

结合实验室程序,运输试验作为验证手段可被有效使用。如果实验室结果表明给定的包装设计在期望的流通环境中能成功履行,那么,运输试验可证实这些期望。现场运输试验的另一个应用是收集破损的统计数据。本应为产品建立固有的破损裕量(IDA)。现场运输试验会为作对比提供统计数据。

考虑以下场景。已经设计了一款新包装,需要评估。选运输试验来评估这个新设计的有效性。研发团队不知道包装设计中允许破损出现的瑕疵,如完全实施,每年破损率为5%。

为测试该新包装,我们决定做六个试样,用我们为生产运输使用的方法,运输它们到遥远的目的地。到了目的地,有人检查包装产品。假设没有发现破损。为了防止破损我们就包装的适应性作出什么决策呢?我们决定试验六次,零失效,所以,通过了试验?是不是该实施这个新包装了吗?

快速查看此测试背后的统计数据。尽管我们不知道它,但该包装会产生平均5%的破损。所以,运送一个没有损坏的概率是95%。运送两个没有损坏的概率是0.95×0.95=90.25%。运输六个没有破损的概率呢?大约73.5%。为此,我们在这个试验中得到的结果是预期结果，可是，我们为此作的决策是不正确的，除非我们想承受 5% 的破损。请注意，为了使所有未破损的到达率降到 5% 以下，我们需要约 60 个试样。最好的解决方案就是增加有限个现场试验，进行强大的运输前性能测试，以模拟预期的运输环境危害。

17.2 工程/研发试验

工程与研发试验不同于运输前性能试验。工程与研发试验设计为了回答针对性的问题，如 "这个纸箱承受的最大压力是多少？" 或 "这个包装件角跌落时会破损吗"。工程与研发试验程序也能确定产品的敏感性，产品设计师可以查看产品对一系列测试的各种响应来确定当前设计的适应性。例如，如果破损边界测试表明产品对来自撞击的破损很灵敏，可建议重新设计关键零部件以增加它对预期流通环境中的潜在冲击危害的强度。另一个例子是利用振动试验确定产品关键零部件的固有频率。通过某些产品零部件在安装或位置上的细微修改，有问题的共振经常会被移动到流通谱的非活跃频率点。若无法重新设计产品的关键零部件，研发测试程序便确定保护性包装需求。缓冲材料变形范围、瓦楞抗压强度和各种其他设计参数都通过这个过程确定。

17.3 一般性模拟

运输前试验程序由试验顺序的连续性来确定。就每个试样进行一系列试验，就像运输中的包装件也会依次遇到一系列危害一样。这样，运输前试验趋于模拟流通危害的渐进性。

常规模拟试验设计是为了就流通环境中预期产生破损的力及条件提供实验室的模拟。这样的程序涉及广泛的运输注意事项、车辆类型、流通路线和搬运风险。具体的保护性包装系统的首要程序之一就是 ASTM D 4169 性能试验。该试验标准测定针对那些实际的产品承运商的 18 个常见流通循环。流通循环为各种运输模式参数内各种包装结构的预期运输危害排序提供了指南。本指南不是试图涵盖所有可能的运输情况，但在用户对预期的实际流通风险知晓的前提下，允许用户附加不同的搬运、运输或仓储元素（ASTM D 4169，2009）。

ISTA 按系列对运输前试验程序进行分组。系列 1 试验认为是非模拟的或完整性试验。ISTA 系列 3 程序认为是常规性模拟（ISTA 指南，2009）。

17.4 试验的基本设计

试验的基本设计一般由四个元素组成：目的、方法、数据分析和结论。

17.4.1 目的

目的必须以简明扼要的形式规定。通常以假设陈述句的形式,或以待回答问题的方式,或通过信息支持决策的形式。

17.4.2 方法

方法是实际进行的测试。重要的是,定义要被测试或评估的试样。试样大小取决于根据试验所需的显著性水平和研究中所期望的力量投入,以及基于上述假设或者研究,由标准偏差确定的试验组和对照组预期差异的效果大小。

研究人员必须定义试验的自变量和因变量。自变量之一会通过一些测试方式评估。其他的自变量可得到控制,但不能测量或试验。

因变量是试验性测试所得到的响应。正是根据这些测量值才能形成关于试验目的的结论。

试验中使用的所有仪器、实验室设备和材料必须明确定义。设备和仪器的选择可以基于标准的试验程序或者是研究计划的一部分。测试有效性问题必须结合设备说明来呈现。必须详细描述程序。目的是能提供足够的信息,以便另一研究人员能根据试验计划中提供的信息重复试验。

17.4.3 数据分析

试验中收集到的数据必须采用适当的方法进行分析。一些测试程序会详细说明数据评估的方式;而另一些会留给研究人员去设想一种根据测试评估结果的方法。

17.4.4 结论

从试验得出的结论必须与试验目的一致,并且也要满足所需的置信度。

17.5 冲击与跌落测试

实验室冲击测试包括自由跌落测试、引导性跌落测试和撞击测试。跌落测试用来评估包装件防止流通中冲击事件特定水平的能力。

自由落体测试利用跌落试验系统快速脱钩或其他手段释放试品,使其落到坚固的基础上。引导性跌落或冲击测试利用冲击机来完成,撞击测试利用斜面或水平撞击仪。更多信息请阅读第 18 章内容。

单个跌落测试规范需要两个要素:跌落高度和跌落方位。系列跌落测试规范需要跌落的总次数、在每个跌落高度下的跌落次数、每个方位跌落次数和跌落次序。应该好好归纳这些信息,使其明确无误;准确定义、尽可能遵循流程或定义流程中任何方案。有关设置、设备、文档、精度和其他因素应该包含在试验方法里并参考测试规范。

17.6 振动试验

运输前测试程序中用于评估包装产品的振动试验有三大类，分别是定频试验、共振试验和随机振动试验。

定频试验是在限定的频率范围仪上完成。该仪器在所指定或计算得到的时间段内的一个频率、一个定幅［通常是1in（25.4mm）峰-峰位移］处做旋转或直线运动。定频试验通常通过扫过2~5Hz的低频范围直到包装试品在振动台上跳起来。像有关试验程序和方法里描述的那样，可以将薄垫片放在包装件下面来证实此现象的发生。测试时间指定为驻留时间或基于试验频率的弹跳冲击次数。定频试验不认为是模拟试验，而是一个非模拟的完整性试验。

共振试验使用具有不同频率和振幅的宽泛频率范围的测试系统。频率扫过代表主要运输振动的范围，如3~100Hz。输入是正弦振动，加速度幅值通常保持恒定。试验文件里详细规定振幅，通常在$0.25~0.75g$峰值范围。扫频时，试样要监视或观察，以辨识共振。在共振驻留条件下进行规定时间的已知共振的测试。共振搜索和驻留试验对确定产品及包装关键频率很有价值，但不太适用于运输振动的模拟。

随机振动试验使试品经受规定时间段的随机振动曲线。测试规范配置曲线来自标准测试或基于现场振动的测量。试验时间基于测试标准或现场条件，可将时间压缩。一般30min到3h的试验时间是常见的。关于随机振动时间压缩的讨论请阅读第20章内容。

17.7 压缩试验

压缩试验一般按两种方法进行：静载法和使用压力试验机法。静载法的优点是不用高档设备，但操作上有限制。试品放在合适的平面上（经常是地板），规定的重量加在上方。常常使用刚性的载荷扩散装置（如胶合板）。重量就位后保持所需的时间，然后除去。为了测试的安全性，须认真考虑此测试方法。如果试品在载荷作用下倒塌，重物可能会掉下来伤害到人或损坏附近的物体。重物倒塌掉下来可能在装卸过程或在加载时间段内突然出现。必须好好确认此测试设置并认识到此风险。

根据试验方法，压力试验机法以匀速施加所需的载荷。试验可以进行至规定的载荷，然后除去（施加-释放）或保持恒定（施加-保持）。施加和保持试验法包括移除载荷后的保持时间。

为确定试品的最大载荷，载荷也可以施加至失效。该程序不适用于堆码载荷运输前试验的模拟，而是用于验证给定的设计是否满足纸箱抗压试验（BCT）性能规范。静载法、施加—释放法和施加—保持法用于与跌落、振动和其他试验或条件的运输前的系列试验。系数1.4有时用于试图平衡施加—释放法与施加—保持法及静载法。施加—释放法与其他两种方法不同，加载时间很短，加载或蠕变差异下的这一时间可能导致不同的结果。应用时，为得到最大释放试验载荷，根据规定或由试验规范计算的施加-释放载荷要乘以1.4（ISTA，2A，2009）。

17.8 气象环境处理

气象环境处理既用于试验又用于另一类型试验前的处理。因为大多数包装材料对温度和/或湿度敏感，温度和相对湿度通常被指定为试验前环境条件。纸基产品的气候处理特别重要。ASTM、ISTA和其他标准组织对广义的环境规定了标准条件及推荐试验条件。在美国，标准条件定义为（23±1）℃［（73.4±2）°F］和相对湿度（50±）2%。既然纸产品呈现滞后效应，为产生可重复结果，建议进行低的相对湿度预处理（ASTM D 4332，2009）。

温度和湿度处理或测试在浸泡及循环条件下进行。浸泡试验就是让试样在特定的时间内受到一组固定条件的影响。循环条件就是温度和相对湿度随试验时间在变化。现场测量表明当受室外环境条件驱动时，每日实际的大气条件在循环。低温出现在夜间，而峰值温度通常在下午时段。循环温度测试设法模拟这种自然节奏（Ritter，2001）。

第18章

包装实验室

18.0 目的

介绍运输包装实验室规划和建立中涉及的空间布局以及测试所需的设施、典型仪器及设备。

18.1 设计包装实验室

设计包装测试实验室需要仔细规划空间、布局和设施。必须考虑测试程序的性质及测试量以及待评估产品/包装系统的范围。

18.1.1 空间

空间常是有关设备类型和实验室运行中管理工作量的限制因素。测试形式及性质一旦确定,有必要确定实验室实施中各种要采购和要安装的设备。每个设备都有占地面积,要并入实验室的空间里。也必须考虑测试前后期产品的仓储空间。必须配备经环境室处理过的试样存放室。必须确定用托盘装卸车和叉车进入实验室并移动试样,允许工作不受限制地进行。表18-1提供了空间和实施要求综述,以及建议的设备维护和维修通道。

表18-1 设备设施和通道汇总

设备	设备占地面积	设备通道	设备设施	控制及数据采集
大型振动台	8ft×5ft	2ft 安全周长 隔振基础的地面通道 技术人员往返控制台通道 至少一单行叉车通道 HPS 泵	电 液压 气 水	塔式控制站 触摸式振动测试软件
小型振动台	4ft×4ft	2ft 安全周长 隔振基础的地面通道 技术人员往返控制台通道 至少一单行叉车通道 HPS 泵	电 液压 气 水	塔式控制站 触摸式振动测试软件

续表

设备	设备占地面积	设备通道	设备设施	控制及数据采集
斜面冲击仪	22ft×8ft	2ft 安全周长 技术人员往返控制台通道 至少一单行叉车通道	电气	释放机构 闸门时间记录仪
大型高速跌落仪	3ft×4ft	2ft 安全周长 技术人员往返控制台通道 至少一单行叉车通道	电气	手持控制仪 (可选)触摸式 自动化测试软件
小型摆臂跌落仪	3ft×4ft	2ft 安全周长 技术人员往返控制台通道 至少一单行叉车通道	电气	手持控制仪 (可选)触摸式 自动化测试软件
压力试验机	9ft×6ft	2ft 安全周长 技术人员往返控制台通道 至少一单行叉车通道	电 液压 气	塔式控制站 触摸式压力测试软件
冲击试验机	3ft×3ft	2ft 安全周长 技术人员往返控制台通道 至少一单行叉车通道	电 气体(氮)	塔式控制站 触摸式自动化测试软件
缓冲垫试验机	2ft×2ft	2ft 安全周长 技术人员往返控制台通道 至少一单行叉车通道	电	释放开关 触摸式自动化测试软件
环境舱	10ft×8ft	2ft 安全周长 技术人员往返控制台通道 上方和侧面通道 托盘搬运通道	电 水 排水	舱控制仪 温度/相对湿度记录仪

18.1.2 设施

除了正常的设施需求外,如标准的电气服务、加热及制冷、水,以及各种测试设备对高压服务、压缩空气管路、加热或制冷系统附加要求,为保护实验室人员可能需要安全屏障,见表18-1。

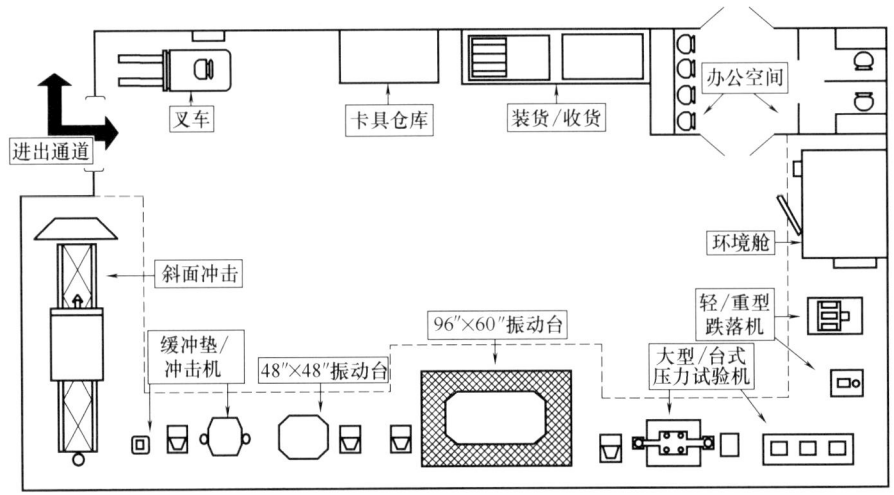

图 18-1　包装动力学实验室布局

18.1.3　布局

实验室布局应该包括工作流程和要执行的各种程序限制。图18-1表示了代表性的测试实验室的布局，重点在本文前面定义的运输试验程序。这里的布局不详尽。单个实验室可能关注非常具体的评估程序类型或提供宽泛的测试方案。

18.2　材料测试设备

下面的清单定义了用于运输测试设施中典型的材料测试仪器（图18-2~图18-4）。

图18-2　缓冲垫测试仪

缓冲衬垫测试仪——能用于比较传递的冲击水平或确定缓冲垫性能曲线。
拉力测试仪——可用于评估各种瓦楞纸板面纸或塑料外裹包膜的强度特性。
台式压力测试仪——用于评估瓦楞面纸或楞纸材料的边压值。

18.3　包装测试设备

典型的包装测试设备如图18-5~图18-10所示。

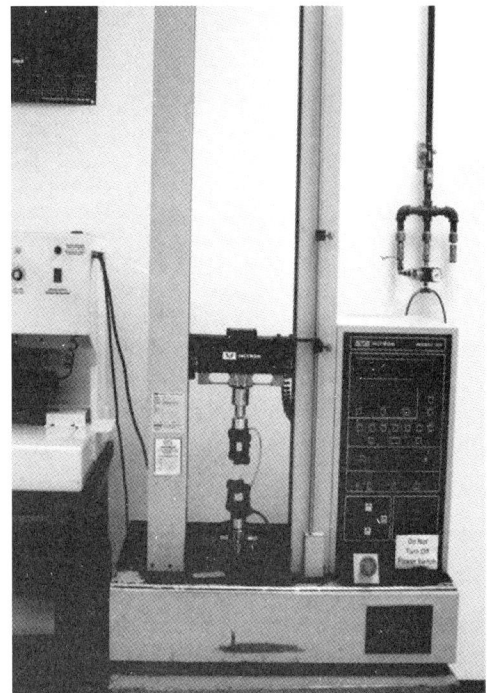

图 18-3　拉力测试仪

图 18-4　压力测试仪

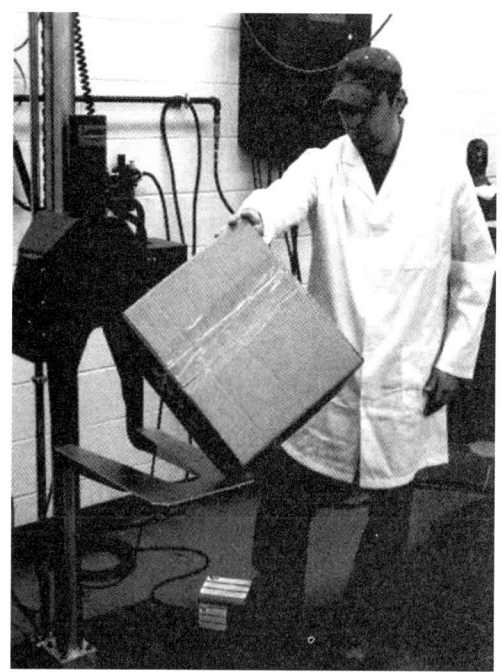

图 18-5　跌落测试仪

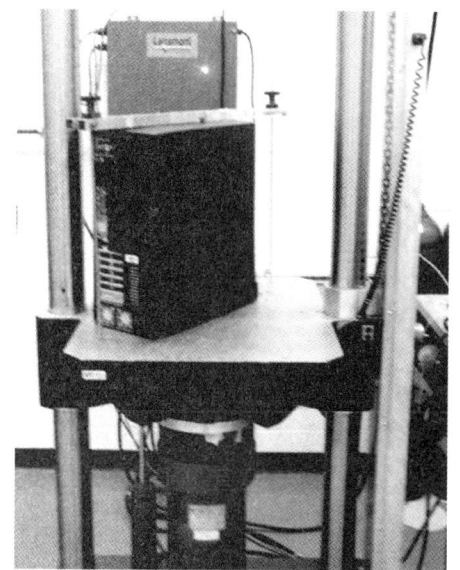

图 18-6　冲击机

图 18-7　大型压力测试仪

（1）跌落测试仪　许多模拟搬运危害的测试程序都需要轻型及重型跌落测试仪。

（2）冲击机　评估产品脆值并为包装系统提供进行性能评估的可控性冲击。

(3)大型压力测试仪　测试单个容器和集装化装载的包装产品。测试仪器能模拟仓储和其他存储操作的静态和动态压缩载荷。

(4)斜面测试仪或水平冲击机　用来模拟如运输或托盘编组时的侧向撞击。

(5)振动台　能使用正弦输入进行产品和包装系统的共振搜索。也能够为模拟各种运输模式产生随机振动曲线。

(6)环境舱　按照不同的（温度和相对湿度）气象水平，对产品/包装样品进行预处理。

图 18-8　斜面测试仪

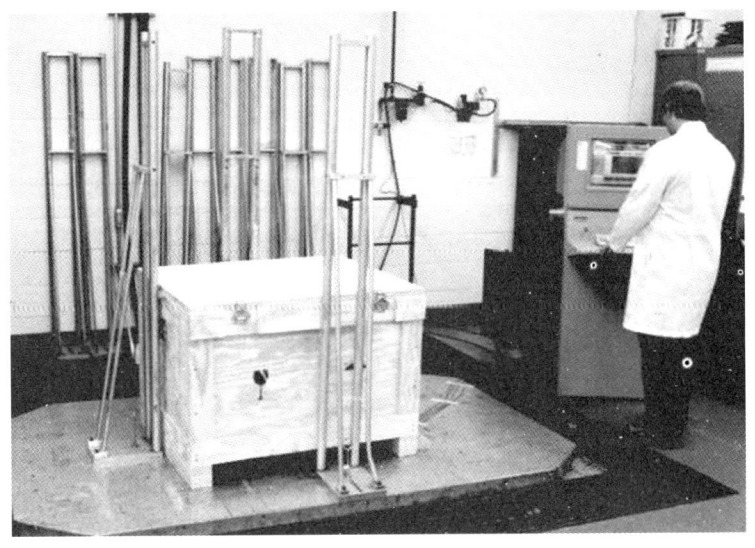

图 18-9　振动台

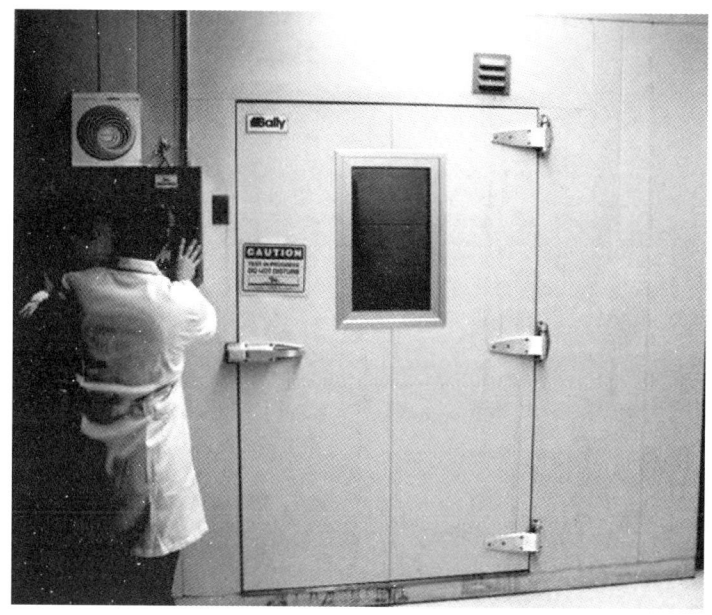

图 18-10　环境舱

18.4　数据采集和建立文档

数据应该依照适合于确定的测试规程之模板进行采集。实验报告要求的举例

图 18-11　振动台上试样和卡具

可在每个 ASTM 标准的最后找到。ISTA 测试报告形式（用在各种 ISTA 程序中）可从 www.ista.org 网站下载。

　　文档常常以照片的形式提供，说明被评估的产品、包装组分和试样固定于测试仪器的方法。图 18-11 表示了一典型的试样和夹具。

　　文档必须完整，以便测试程序能被另一实验室的研究人员复制。

# 第 19 章

性能测试规程

19.0 目的

性能测试按照试验方法、试验标准、完整性试验及模拟来定义。许多撰写标准的组织颁布和监督这些程序。这里是一些更全面的测试组织列表及其联系信息。

19.1 试验方法

性能测试方法提供了评估运输包装系统有效性的指南。正像第17章提到的那样,各种规程必须符合目的、统计显著性水平及其他产品和预期流通环境的相关参数。

19.2 试验标准

试验标准即是认可的程序,允许承运商依据已设立的方法评估运输包装系统。试验程序的标准化确保性能差异性是由于包装系统的不同,而不是评估手段的不同。

19.3 标准化组织

有若干个国际上公认的标准组织,研究评估运输包装的试验规程。这些团体中两个著名的组织是美国材料与试验协会(ASTM)国际标准化组织和国家安全运输协会(ISTA)。

19.3.1 ASTM 国际标准化组织

ASTM 国际标准化组织成立于1898年,以美国材料与试验协会的名义,由技术和科学领域的代表们组成,致力于解决铁路行业中与钢轨断裂有关的问题。

那个时候，主要关心的是铁路运输中的公共安全问题。自从该组织成立以来，ASTM 国际标准化组织已经扩大了它在国际市场中各种标准化需求的参与。今天，它是世界上最大的公益性标准制订组织之一。有超过 30000 个会员，这些技术专家代表了来自超过 120 个国家的制造商、消费者、政府机构及学术界。其使命是推动公共安全、环境和整体生活质量；在产品可靠性、材料、系统和服务以及促进国际、国家和地区贸易方面有积极的贡献（ASTM，2009）。

为了使公益性标准理念能够有效地发挥作用，该组织在解决标准用户需求所需的专门技术知识的发展中，维持各利益相关者的平衡。

第十七章表明了 ASTM D 4169 定义的性能规程，是一个为评估提供指南而确立的方法。重要的是，用户"定制"了建议的规程以适合他们运输环境的已知特性（ASTM，2009）。可通过以下网址联系 ASTM 国际标准化组织：http://astm.org/。

19.3.2　国际安全运输协会（ISTA）

ISTA 成立于 1948 年，旨在解决运输包装问题的过程中，协调全世界的托运人、承运商、零售商、包装供货商、测试设施和教育及研究组织。为此，面向此目标，ISTA 的主要贡献就是引入自己的运输测试项目。该项目证明，给定的包装系统，经测试方式评估其对预期的流通环境中潜在性能的成功性。在评估运输包装系统中，该认证过程涉及利用适当的运输测试程序的 ISTA 管理、托运人和经认证的 ISTA 实验室。全部的产品及其包装规格都要记录，测试数据要建立文档和记录性能。如包装系统通过了需要的程序评估，结果的副本可供托运人使用，并由认证测试实验室和 ISTA 总部存档。ISTA 会员公司可以在包装上打印运输测试标志，表示对性能评估的认可。

ISTA 也有实验室认证项目和个人认证项目（即经认证的包装实验室技术人员项目）。ISTA 的测试标准含一般和特定类别的，约 20 个运输前测试程序。使用 ISTA 程序指南由"选择及使用 ISTA 程序和项目准则"提供（ISTA，2009）。可阅览 http://ista.org/。

19.3.3　其他标准化组织和与运输相关的协会

除了上述两个组织之外，性能测试规程由下列组织制定：国际标准化组织（ISO）标准 4180，http://www.iso.org/；作为纸浆与纸工业技术协会而成立的 TAPPI，http://tappi.org/；联合国（UN）各个政府机构（多数在美国），如运输部（DOT）、环境保护局（EPA）、美国邮政管理局（USPS）、美国联邦法规第 49 篇即运输（CFR-49）和国防部（DOD）军用标准及规范。运输组织也颁布了性能测试指南。这些程序的示例描述如下：国家机动车货运分类（NMFC）指南、统一货运分类、铁路出版服务、国际航空运输协会（IATA）危险货物法规、国际民航组织（ICAO）危险货物航空安全运输技术规程、国际海运危险货物（IMDG）规则、联合包裹服务（UPS）、FedEx 及其他。

19.4 标准起草过程

标准起草过程在不同的标准化团体中有所不同。在某些情况下，规程从感知的需求演变而来，在其他情况下，标准反映了预期需求。ISTA 通过各成员和专业人员的努力，出台提议的测试程序。提议由特别小组审查，必须经技术委员会和成员批准。起初，一项测试指定为一个项目，并在一年以后审查是否可能有变化。审查和更新程序定期进行。

ASTM 程序需要经任务小组进行建议标准的制订。然后，此提议在颁布之前经三级审查：任务小组、小组委员会和主委员会。各级就提议草案要在准确性和适用性上审查。所有的负面评论在草案进入下一个审查阶段之前必须加以解决。使用的程序必须是自愿达成共识的标准制订过程。

一旦颁布，每一 ASTM 标准必须每五年审查一次，以确保相关性。在这些时间节点，该标准作为当前模版重新批准和就批准的变更而修改或完全从 ASTM 标准档案中删除。

第 20 章

具体模拟

20.0 目的

本章将流通危害与实验室测试联系在一起，包括为建立健全的实验室测试程序使用各种数据类型的具体建议。

20.1 联系危害和测试

观察和测量流通环境的主要原因之一就是采集模拟运输前实验室测试有用的研发信息。多年来，就运输包装实验室测试与流通时究竟发生了什么这一问题，人们已经认可两者间一般关系的概念有逻辑（Ostrem 和 Godshall，1979）。基于海浪动力学模拟概念，具体模拟技术最初被认为是随机振动测试研发的一种方法（Roulliard，1991）。基本理念已经被称为现场—实验室（Field-to-Lab）（由 Lansmont 公司注册商标）。更概括地说，称为具体模拟（Young，1993；Pierce 和 Young 1996）。流通危害的定量表征包括观察、测量、分析和应用（更多讨论见第 9 章内容）。测量工作在研发实验室测试中似乎最重要。尽管流通危害的测量非常有用，但观察在重要性上不应降低。

流通环境的观察对研究危害次序和包含在测量和测试规范中的一系列危害，以及对设定测量方案很关键。观察允许用构建模式图来描述经过供应链系统的产品流（简单举例见第 9 章）。

观察的过程利用了随时间的运输记录、库存流通率数据（一年内的库存周转次数）、承运商信息（含破损统计、产品退货数据及类似信息）。要查找的具体信息包括以下内容：

包装产品流和节拍

研究中包括的库存单位（SKUs）

包装类型：纯单元化装载、混合型单元化装载

地域、人口和季节变化

采用的运输模式

运输设备类型：钢弹簧卡车、空气悬挂卡车、铁路厢式车、平板车装运集装箱、空中货物单元化装载装置，等等

每种模式运输货物的百分比

破损类型及其对应模式的发生情况、区域和其他变量

仓库类型和条件：干货储藏、室外储藏、冷藏、冷冻

移动和搬运类型及设备：人工、自动、机器人、托盘化

集装搬运：叉车、夹抱车、专门工具

除了建立文档外，观察阶段提供了与供应链系统和让系统运行的人间交流的机会。没有比管理、移动、搬运和仓储包装产品的人更有价值的信息源能帮助保护性包装研发过程了。操作一个复杂的流通系统必需的信息、知识和技能都是包装研发和测试研发有价值的输入。关键人物包括包装生产线经理、仓库经理及雇员、车辆操作者、调度、退货经理和客户服务人员。有选择地向这些人提出一些问题：

流通系统中什么活动最可能使产品破损？

什么定义了一件产品在使用或消费环节破损了或不可销售了？

你曾见过从_____ in 以上高度意外跌落的包装件吗？

包装件始终以相同的方式通过系统移动，还是会改变？

流通系统有季节性差异、地域性差异或其他差异吗？

哪种产品在顶载和压溃中受损最严重？

更严重的情况是公司内部的搬运还是外部的设施操作？

这些产品经过的最糟糕的道路在哪里？

若你能做一件事来改进包装，它是什么？

掌握流通系统的可操作性是重要的。许多装卸、储存、搬运和其他关键活动是在正常办公时间之后进行的。流通是全天候（24/7/365）的业务，可靠测试所需的信息来自一天中的所有时间，知道车辆卸载操作会使包装件曝露的温度和湿度。知道车辆的装载和路线有助于设置振动测量任务。现场察看卸车对于确定某一运输段的总体结果很有价值。

实际未公开研究的一个例子可能会有所帮助。一辆车安装有仪器，在 800 mile（1290 km）的行程中采集振动数据。加上停车，该行程估计需要约 14h 的实际行驶时间。具有有限内存的数据记录装置进行了相应地编程。当车辆装载时，记录仪启动，大约 16h 后内存耗尽。

由于数据采集团队不知道预期的到达时间，而且到目的地的卸载时间是在装载活动后一天半的时候进行的。司机不是在路上停下来或很早到达，而是决定装好货物，在长途旅行出发前到附近的家里去休息，这样满足了预期到达和规定的休息时间要求。当然，行程数据就包括初始短旅程，紧跟着长时间无数据，再下来有较多数据，但远比整个行程少。对这些操作得更好理解可避免数据丢失。

性能测试驱动了研发过程（见第 13 章）。用类似的方法，可测试的类型以及这些测试所需的规范有助于设定现场数据采集的范围和目标。利用危害数据来研发一个测试规范，包括使用正确的数据。要确保正在使用的数据代表了产品运输所经历的流通系统。对流通系统来说数据越具体，测试就越具体。综合来自类似环境的数据会产生一个更广义的结果。

20.2　冲击与跌落

包装件在正常流通时会受到多次搬运和多次冲击事件。这些冲击大多幅值小，不会造成产品或包装件破损。一些强度适中的冲击证明仍会引起破损，这是因为多次事件的输入会有累计效应。很少的剧烈冲击会引起产品和包装件大的破损。对冲击来说，流通环境中一个好的模拟包括上述的两个更高组别的测试。出于这种考虑，首选方法就是采集所有显著冲击事件之数据，然后，将它们分组或分析，作为测试规范的基础。

一般地，最能引起破损冲击的事件来自高跌落高度的落下。包装产品的实验室测试重点一般都围绕这个原则。目标性能也是如此，其中最挑战的设计方面是应对冲击环境的极端情况。

评估冲击性能的现代包装测试实验室可用的工具是跌落仪和冲击机。跌落测试（自由落体或引导）用于较小的包装件，而冲击测试（斜面和水平）通常用于较大的包装件，含单元化装载。为了规范和进行跌落或撞击测试，需要三方面的信息：

跌落/撞击次数。
强度、跌落高度或撞击速度。
跌落/撞击方位。

诚然，强度和方位规范适合于序列中的每次跌落，每次跌落可能相同或不同。这就为采集流通环境中的数据构成提供了工作计划，有效地将实验室程序、危害测量和包装规范联系在了一起（图 20-1）。

既然反映危害类型的实验室测试目标是跌落测试，那么，危害测量计划的目标则应该是测量正常流通条件下的跌落高度和运用典型的包装结构。数据一旦采集（见第 9 章），跌落高度数据常常用柱状图来表示，表明每次行程的跌落次数、跌落高度的分布和某种形式的方位归类。

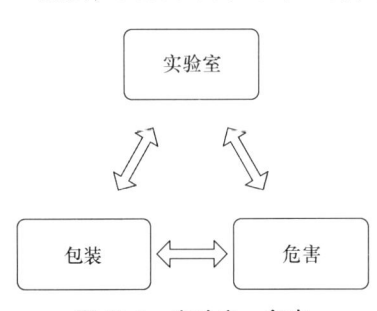

图 20-1　实验室、危害和包装三者联系

每次行程分布跌落次数基于据研究定义的显著跌落（每次行程都会发生）

的数量。如图 20-2 表示了一个例子。和大多数分布一样，柱状条表示产生这种水平活动发生的次数。例如，在图 20-2 中，每个行程最常见的跌落次数为 3 次跌落，由最高的柱表示。分布数据也可能包括图 20-2 中累计分布曲线。累计曲线顾名思义是达到该图所示水平的累计出现次数。例如，在图 20-2 中，大约行程的 75% 具有 7 次以下的跌落。

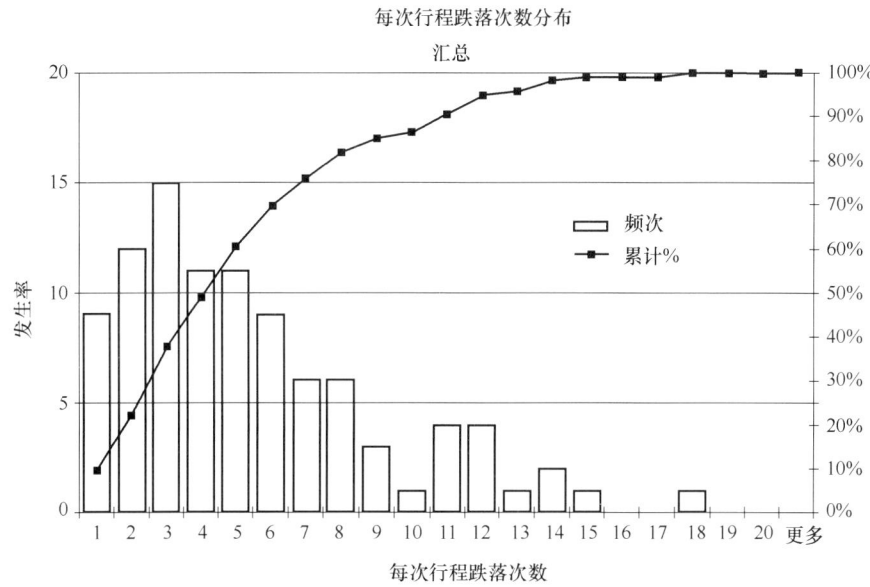

图 20-2　数据举例：每次行程跌落次数分布

让我们考虑累计分布曲线一般与运输中产品的破损风险有关。如数据代表了危害环境，那么，累计曲线表明了超过给定水平危害情况的可能性。当然，目标是设计一个既能使运送中的破损最小化又能在包装成本上有效的代表性试验。为此，建议选一个很高的百分比。可考虑 90%，95% 或以上。例如，如果目标是涵盖 95% 的测量事件，图 20-2 表明了测量行程的约 95% 出现少于 13 次的跌落。

跌落次数的决定应该考虑累计破损的概念。跌落测试总是包括高的跌落，跌落测试系列中最高的跌落不会随着系列中更多的跌落而产生变化。当更多的跌落加到测试中时，它们会是适度且较低高度的跌落。如果测试的包装件易对反复跌落和累计破损敏感，那么，它们很可能对跌落次数规范敏感。

下面要决定的是跌落高度。继续上面的例子，为此规范已经选了 13 次跌落。跌落高度在 13 次的分布是评估包装件中应用于测试的关键因素。图 20-3 就是跌落高度分布的一个例子，与图 20-2 为同一个研究。柱状图表示了每个跌落高度总的发生次数，累计百分比曲线显示了在每一水平处或以下发生的累计总数。

此数据强调包装件经历的所有跌落具有不同的跌落高度，且存在相当大的差异。图 20-3 表示的数据是从所有测量的行程汇总而来的，与任何一次行程的事

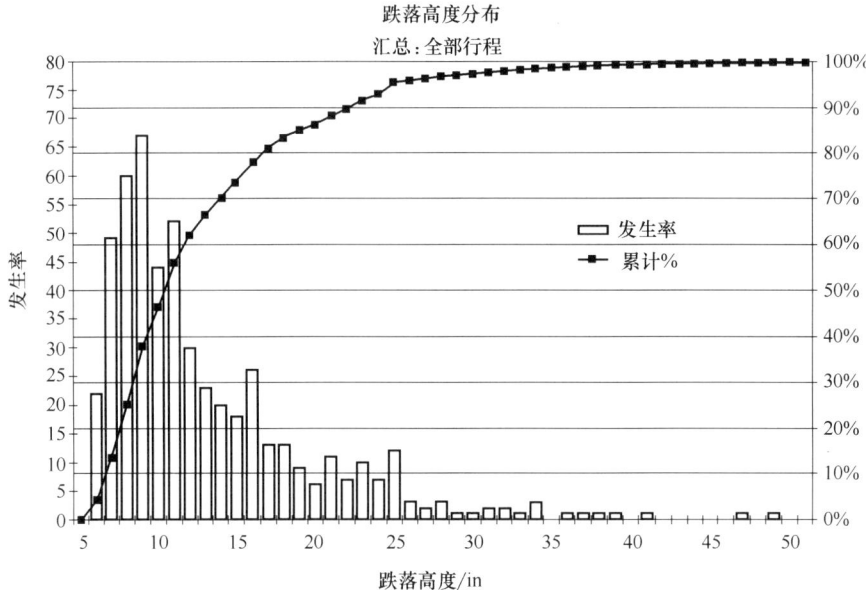

图 20-3 数据举例：跌落高度分布

件没有区分开来。既然正在研究的测试只代表一次行程，那么，另一个数据视图会有帮助。图 20-4 是每次行程所测的最高跌落高度的柱状图。例如，累计百分比曲线表明所测的所有行程的约 95% 具有小于等于 39in 的最高跌落。正是这种类型的信息能够用于设定测试的最高跌落。类似的分析能用于建立第二高跌落的分布等。或者把跌落分组，作为一个研究例子，图 20-5 表示具有最大高度跌落

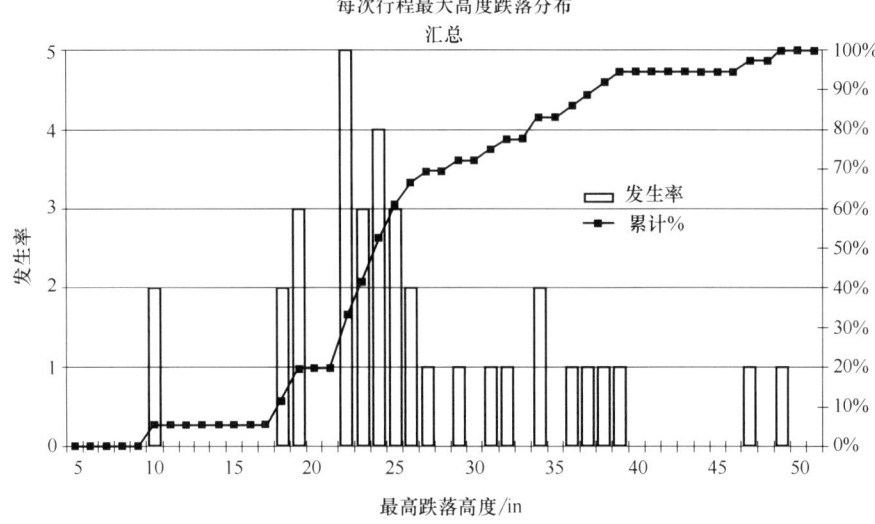

图 20-4 数据举例：每次行程最大高度跌落分布

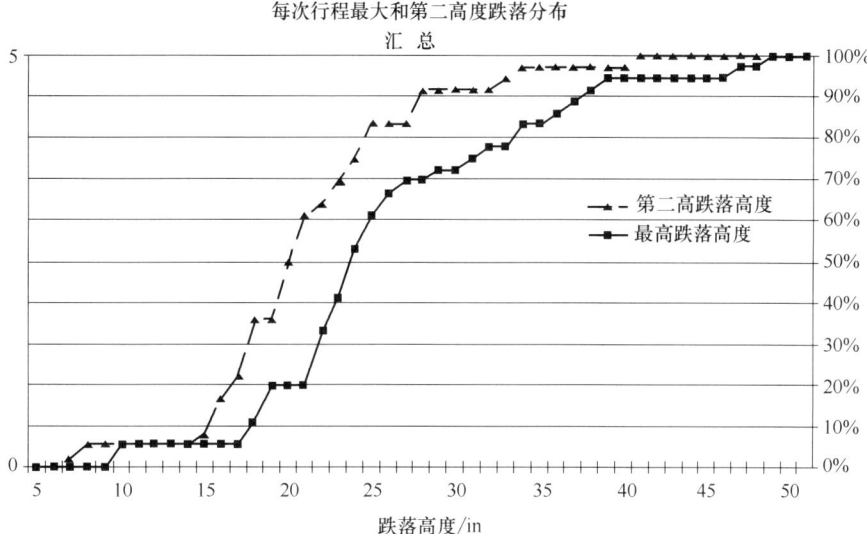

图 20-5 数据举例：每次行程最大和第二高度跌落分布

的行程次数分布，以及每次行程第二高跌落高度的同样分布。对于第二高跌落高度的累计曲线表示所测行程的约 95% 有等于或小于 33in 的第二高跌落高度。为此，在 95% 的发生水平处，最高跌落高度等于或小于 39in，第二高跌落高度等于或小于 33in。这似乎很合理，第二高跌落高度可能接近于最高跌落高度。

在该例子中，建立了总的跌落次数，即 13 次跌落。利用在 95% 水平的最高和第二高跌落高度的分布，可以建立一次跌落在 39in（990mm）高处，一次跌落在 33in（840mm）高处。继续该分析，可确定第三高和第四高跌落高度等。另一个解决方法就是将跌落分组，以合理地代表所测量的东西。总体指南的一个来源是如图 20-3 所示的总的所有行程跌落高度分布。就此例子来说，大约一半的跌落总数会在大约代表 50% 的累计分布的高度显现，在约 75% 的水平处平衡。这些数字仅仅是例子，也能建立其他系列。关键的准则是以代表供应链系统条件的数据为基础建立跌落测试规范。对于这个研究例子，总的跌落测试序列中跌落分布如表 20-1 所示。

表 20-1　　　　　　　　　　测试序列中跌落高度分布

跌落次数	跌落高度/in(mm)	跌落次数	跌落高度/in(mm)
1	39(990)	4	16(410)
1	33(840)	7	11(280)

利用上述跌落分布分析，也能够把实验室跌落测试高度分布画成图，用于与它所基于的现场数据进行可视化比较。图 20-6 表明了该示例实验室测试中跌落高度的分布与所用数据集中所有行程跌落高度的分布比较。要注意，实验室测试

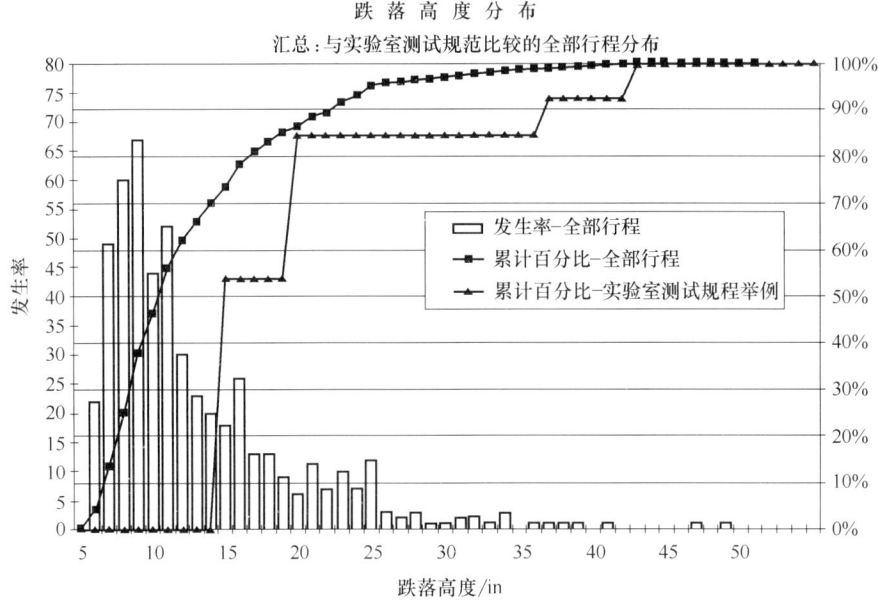

图 20-6　数据举例：所有行程分布与实验室测试规范比较

规范分布位于现场数据分布的右面（最高跌落高度），表明测试有些保守，即比测量数据更严酷。当然，这很容易由测试研发人员进行修正。

既然这些跌落试验中的跌落次数和跌落高度分布已建立，下来就要考虑跌落方位。在大多数情况下，用于评估跌落危害测量时包装件跌落高度的仪器会报告评估方位。然而，这不精确并且只根据仪器里使用的三轴加速度计幅值提供的对方位的一般了解。分析和呈现这些信息的简单方法就是表示楞跌落、角跌落和面跌落的比例。图 20-7 用简单的饼图形式表示了这种类型分析的例子。

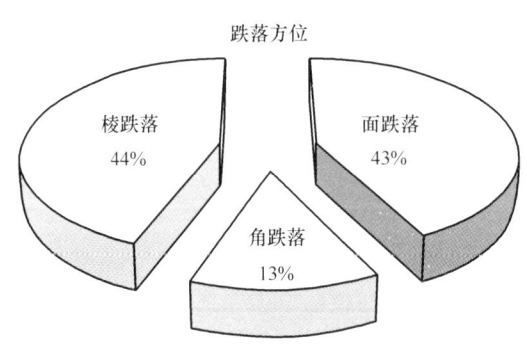

图 20-7　数据举例：跌落方位

如图 20-8 所示为一个更复杂和更具有启发性的分析形式。这是一个 100% 的堆叠柱状图。对于每个跌落高度，有一个条柱代表那个高度下的所有跌落。每个条柱的阴影区域表示了各方位的比例：面、楞和角跌落。

该数据有助于将跌落方位分配到实验室测试规范的跌落中。例如，参见图 20-8，注意到在大约 8~17in（200~430mm）跌落高度范围，存在一个大量的面跌落，但角跌落较少。在大约 27~32in（685~810mm）跌落高度范围，角跌落占

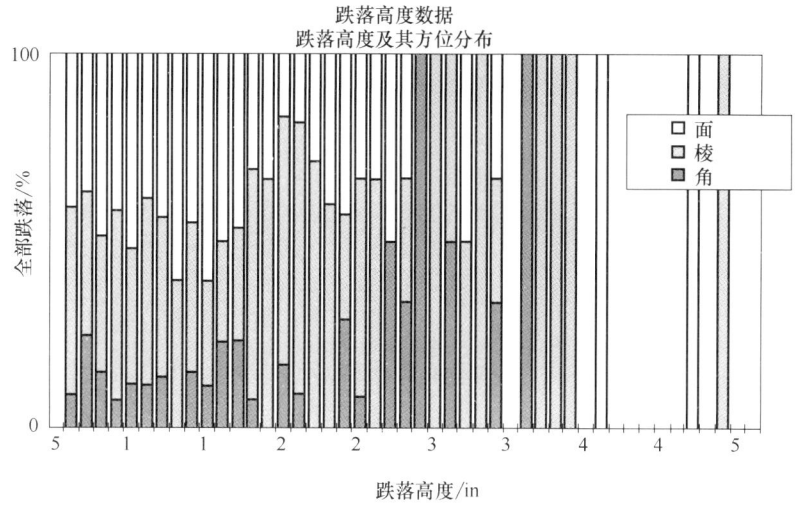

图 20-8 数据举例：跌落高度与方位分布

主导。利用该信息，跌落方位规范就能够加到跌落次数和跌落高度里（表 20-2）。同样，这只是解释此数据集的一个例子。

表 20-2　　　　　　　　测试序列中跌落分布（修正）

跌落次数	跌落高度/in(mm)	方位	跌落次数	跌落高度/in(mm)	方位
1	39(990)	面	4	16(410)	2棱1面1角
1	33(840)	棱	7	11(280)	4棱4面3角

完成跌落测试具体模拟还要考虑次要因素。例如，跌落次序可能要分析，以决定按什么次序进行跌落。多数情况下，关于跌落次序，为方便起见，将所有相同高度的分在一组，以使跌落机高度变化数最小。物流环境中单个跌落时的温度和湿度也可用于进一步具体测试规范中。现场的包装件跌落数据依照这个方式采用，可被塑造成基于数据的、具有代表性的实验室测试序列。

20.3　随机振动

以类似于运输过程中跌落高度评估的方式，用仪器记录运送途中车辆运输包装件的振动（Dunno 和 Batt，2009）。具体模拟的目标就是利用该数据研发实验室中代表性的测试，从而有助于评估所建议的包装设计，以及指出改进设计并将与振动相关的破损减至最低的时机。

实验室振动测试重点通常超出本书之外讨论的随机振动技术。尽管也测试其他轴向的，并更详细地研究多轴振动，但重点是垂直振动（Harman 和 Pickel，2006）。为了规范实验室测试，需要两个关键信息：

随机振动曲线，PSD-频率曲线（或 ASD-频率曲线）。

实际或模拟的曝露（测试）时间。

所以，直接的实验室测试确定振动曲线（见图 20-9）和确定包装产品曝露于该谱的时间，并在此时间段进行测试。该实时的解决方法容易实现、也直观，但是，可能会造成操作麻烦。许多供应链操作包含相当长的距离和由此产生的运输时间（ABF 货运系统，2008。ABF 代表 ArcBest Freight 公司，位于美国明尼苏达州）。转换成实时的实验室测试可能不方便，因为需要许多测试时间。这导致了缩短时间振动测试的目标，下面会更详细地研究。

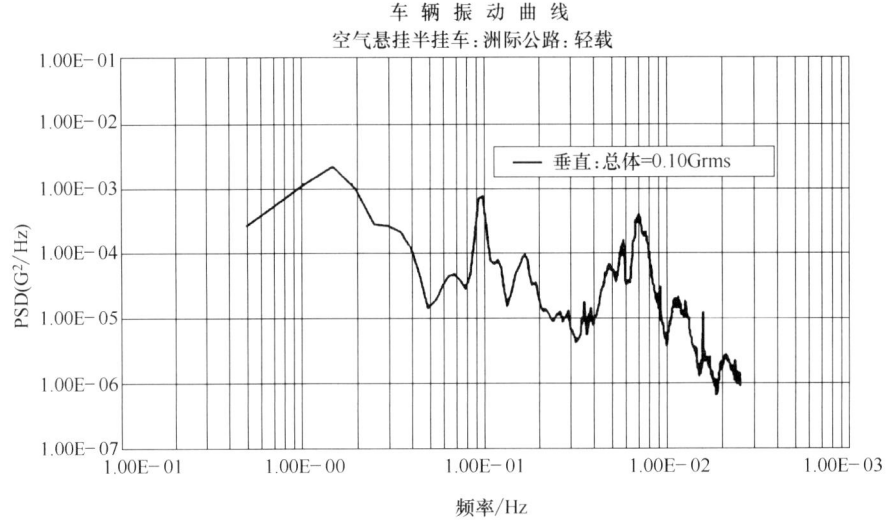

图 20-9　数据举例：车辆振动曲线

正如第 3 章所讨论的，振动数据通常是在抽样的基础上进行采集，以时间间隔记录几秒钟的事件。取决于行程长短和可用的记录仪内存，采样间隔可能是几秒或多分钟。当间隔时间长时，仪器设置可能包括最坏情况事件的记录，超过预设阈值而不是时间间隔完成时进行捕获。这容许比较平均曲线（根据间隔数据）和最强烈的振动（根据阈值数据），以确保关键信息没有漏掉并都包含在实验室规程里。

在创建振动曲线时有必要对现场数据进行分类。一个重要的分类就是除去车辆不动时记录的事件。这些事件不包含用于创建曲线的汇总事件里，因为汇总事件不能代表潜在的破损，若包含会降低平均曲线强度。研究人员已经推荐了水平，如把总的 $0.04G_{rms}$ 作为汇总数据集中包含的低限，然而，对正在考虑的数据集进行研究可能导致不同的数量（Young 等，1998；Wallin，2007）。如图 20-9 所示的数据举例，基于对记录数据的检查，在总的 $0.02G_{rms}$ 处分类。进一步的分类应该用于除去任何显而易见的非振动事件，如卡车与码头的撞击、拖拉机与拖车连接或与门的碰撞。

某些测试系统控制仪需要的另一曲线技术，就是减少 PSD/频率组合点即断点的数目，前提是保持整体曲线形状，这个可通过手工或用软件来辅助（图3-15）。减少断点数目造成了所测初始曲线的近似值，这样可能改变了重要详细的数据关系。整体振动强度水平应该保持尽可能接近于最初现场测量曲线的强度。

当在车辆上采集振动数据时，每个事件的每条单个 PSD/频率曲线是不同的。为创建整个行程的数据集整体曲线，数据通过分析软件按频率平均。然后，这条平均曲线用于给振动测试系统控制指定为目标控制测试。由于该平均过程之性质，很少发生在运输中的事情也很少发生在结果测试中。为了聚焦具有更高强度的振动——更高的潜在破损——完整的分类数据集可按强度划分为若干段。例如，把数据事件按照较高强度和较低强度事件分类，就导致了两个振动曲线和两个补充试验。那么，这些会一起使用在实验室规程中。划分成80%与20%分段和70%与30%分段已有报告（Young等，1998；Singh等，2006）。

图3-16 表示了该方法的图形表达。测试时间按比例使用，曲线的20%时间代表事件最高的20%，总行程时间剩余的80%分配给较低的80%。

为减少代表运输车辆振动的测试时间，可使用缩短时间技术。缩短时间的基本概念就是增加振动测试的强度和减小时间（Curtis 等，1971）。已经推荐的一个方法就是利用下面的公式（Young he Pierce，1993；Kipp，2008）（见第3章）：

$$I_t = I_o \left(\frac{T_o}{T_t} \right)^{0.5} \tag{20-1}$$

式中，I_t——实验室测试强度，G_{rms}

I_o——初始现场强度，G_{rms}

T_o——初始现场曲线的持续时间，min

T_t——实验室测试时间，min

该技术仍是一项正在进行的工作，应该作为一个代表性测试规程的潜在起点。根据建议，时间压缩比 T_o/T_t 被限制在 5 或以下，以尽量减少极端测试水平的引入。利用该准则，一 500miles（800km）的行程，有 10 个 h 的估计曝露时间（运动时），能够减小至 2h 的实验室测试。时间压缩将通过曲线的总强度增加到约2.25倍来实现。所以，$0.10G_{rms}$ 卡车所测的总的现场水平在实验室可通过与所测曲线和约 $0.225G_{rms}$ 总强度的相同形状曲线来模拟。

20.4 压缩

仓储情况下压缩危害环境的数据包括顶载重量、仓储时间和仓储气候条件。时间可以作为库存记录的一部分：进出时间和库存速度。为了规范和完成具体模拟实验室的压缩测试，需要三个关键信息：

包装件或集装件上预期的顶载；

预期的仓储时间，或仓储时间的分布（如变化的话）；

仓储地点的气候条件。

压缩的具体模拟没有专门的数据分析或时间压缩，但已知条件能否用于测试规程取决于可用信息和允许的测试设施。作为一般原则，用数据代替假设或估计能建立现场状况的更好表达。

20.5 气象条件与危害

对车辆中特定的气象条件进行研究，为供应链中的危害提供了深入的了解（Ritter，2001；Singh 等，2010）。这些数据可用季节性条件、起点和终点的特定环境所采集的数据来补充。这样积累的数据导致了测试前和测试中更好的包装件温湿度环境处理规范。一般的测试标准，如 ASTM 和 ISTA 相关标准也包含了在更一般的基础上的温湿度环境处理信息，可作为由具体情况测量补充的测试条件基础。

重要的条件包括温度、相对湿度、大气压（海拔压力）、在这些条件下花费的时间和驻留水平变化率。循环观察的细节也可以用，特别当根据温度和相对湿度的日变化制订特定季节和路线的具体模拟时。

流通中的包装件方位可能有破坏性的影响，或可以建立其他危害（如振动或压缩）的易破损条件。当包装件混合装载运输和在非正常的上-下方向承受压力载荷时，方位就非常重要。为了在车辆振动、压缩或跌落测试时指定包装方位，可研究和利用该变量（Goodwin 等，2008）。

20.6 测试次序

使用组织良好且具有代表性的模式图或者供应链活动框图，就可以准确确定施加危害的次序。振动之前的跌落可能与振动后的跌落导致不同的结果；考虑压力顶载荷尤其是这样。在瓦楞容器中，压力测试前的跌落测试很可能产生包装件破损，从而减小了包装件的承载能力。压力测试后的跌落测试使得仅有小破损的包装件能承受顶载。既然结果差异能够通过改变测试次序来预见，可运用已知的事件次序比利用根据标准测试的广义次序要好，而且会导致更具有代表性的测试规程和测试结果。

20.7 试验验证

验证就是通过评估、规范已被满足的证实。验证就是证实最初的要求，比如，用户对产品或包装的要求已达到。测试规程的验证证实，实验室测试结果在设立的限度内与实际供应链活动结果的对应；换句话说，实验室测试的结果是否合理并与运输产品的结果相同。

测试总是在依赖其做决策之前进行验证。验证需要时间和耐心。这常常比研发测试规程或具体模拟更艰辛和更难。要对产品类型、起终点、季节、模式等变量和其他感兴趣的变量进行仔细记录并随着时间的推移保存好。使用标准的评估系统（检查、测量），把产品和/或包装条件与实验室测试结果作比较。因此，为了更好地反映现场结果，测试参数可能会改变。

试验验证是困难的，但经验证的测试非常有价值。这是当新产品、改进产品、修订价格要求、模式、市场改变或其他突发事件等需要最好的决策时的一种快速、可靠的信息来源。

第 21 章

展望

21.0 目的

保护性运输包装数据驱动研发实践与技术已超过 60 年了。这是进展很稳定的一个时期，亦是伴随了迅速发展并从更好的技术中受益的时期。如果未来可以部分地从过去想象中出来，包装学科就会继续发展并对我们的生活质量作出很大贡献。

21.1 未来的测试

不可避免地会出现新的测试技术，也能够预料到，数据采集、解释及应用的越来越复杂的技术会得到发展。今日的运输包装测试实验室有各种解决问题和削减成本的工具。在这些现存的研发和评估过程内，逐渐发展的精细化是可以预见的。越来越更好的理解运输危害和包装性能的关系会有助于包装优化设计。细微的变化，如危害的施加次序，可证明能对未来的最佳方案具有重要意义。

新的设备，像多轴振动系统、车辆模拟、循环温湿度处理及测试舱或专门的堆码模拟器，像 20 世纪 60 年代和 70 年代早期看到的那样，可以带来新的进步和益处。正规的包装教育学院一直在持续研究新的技术及应用。流通危害数据的采集和分析已经变得更容易、更强大和更便宜，会继续朝着这个积极的方向发展。

下一代包装实验室将是一个更强大的危害模拟器，能适应研发团队快速而精确的回应跨越更宽泛方案选择遇到的问题需求。

21.2 先进分析和建立文档

应该广泛使用更好的工具，并将其瞄准研发团队目标。数据处理、存储和跨越发展空间正在发生，并在涉及的研发阶段不断增强，特别是消费品包装。结构设计、平面设计、空间优化、规格、材料清单、法规遵循和协作研发、审查和批准等各个方面在跨越公司部门、供应商和时区而合并。运输性能和评价或测试的研发正在开始包括在此组合中，增加了一步到位、最好成本、最好性能包装的机遇。一流的组织现在或即将应用精益开发原则，快速为客户提供最好的产品。

21.3 虚拟测试

随着计算机工具持续帮助扩展并撬动人类智能及创造性，一整套包装研发的虚拟工具正在成功应用。虚拟原型制作通常用于评估所建议的设计。虚拟测试已经在相关产品测试地点使用，是包装研发中未来革命性变革的必然候选者。这意指着未来的跌落和振动测试会是计算机化代替物理的？也许不是唯一的；但是它们会与物理原型和物理性测试一道使用。这种新的测试潜力可以开拓发展视野并使得创建及评价创新的、未经尝试的和挑战极限的新包装成为可能，如图21-1。

图 21-1　虚拟包装设计

产品在这儿，市场在那儿。未来像过去一样，将继续对恰当的运输包装有着至关重要的需求——可持续、高性价和保护性——把产品和市场结合在一起。

附　　录

教材引用了许多 ASTM 标准。有兴趣成为 ASTM 会员、购买 ASTM 标准（整套或单个标准）或为学生购买选择多达 10 个标准的任何人，可以通过网站找到这些标准：www.astm.org。ASTM 国际组织提供对一系列领域中各种标准的访问。有关运输包装的标准主要在包装 15.10 卷即柔性阻隔包装中。

术语解释

加速度 指的是速度相对于时间的变化量。它是矢量，通常用 m/s² 或 in/s² 度量。它可被表示为重力加速度常数（g）9.8m/s² 或 386.4in/s² 的倍数。

放大因子 常常被定义为峰值加速度响应与输入加速度脉冲的比值。

幅值 从静平衡点即参考点的位移量。通常用加速度（g's）单位度量，但也能够量化成位移、速度或力。

压缩形变 压缩载荷移除后衬垫试样损失的厚度。在一定的恢复时间后度量。

蠕变 通常用随时间受到静载荷作用后衬垫厚度的百分比损失来表示。

缓冲材料 用于吸收冲击或振动能量的材料。特点是对系统动态运动的阻力逐渐增大。

循环 一个随时间重复的周期量。常常指的是变化振幅。

阻尼 冲击或振动能量随着时间或距离的耗散。

临界阻尼 最小粘滞阻力即防止一个位移系统发生振荡的阻尼。

阻尼比 给定系统的临界阻尼水平与目前系统中阻尼量之比。

位移 相对于固定参考点位置的变化量。像加速度一样，是一个矢量。

填充物 用于填充包装系统中空隙的材料。松散填充材料，如聚苯乙烯颗粒可作为填充物。

持续时间 冲击脉冲加速度从给定点上升至最大幅值，然后衰减到初始位置所需的时间。通常的做法是从峰值加速度的 10% 点处度量持续时间。

等效跌落高度 自由落体跌落高度对应于一特定的瞬时速度。冲击机可以配置产生一个特定的与自由落体高度等效的速度变化量。

脆值 一个产品在经历某种形式破损前能承受的最大加速度。通常用 g's 度量。

频率 单位时间所经历的运动循环数目。通常用每秒循环即赫兹（Hz）来表达。

激振频率 外部振动激励。

固有频率 在该频率处，当施加和撤销外部振动力时机械系统会振动。

共振频率 引起机械系统以最大水平激励响应的频率。

谐振 在正弦运动中，频率是一个共振频率的整数倍。

质量 物体中物质数量的度量。在重力场中定义了物体重量。

承载面积 通常描述为撞击期间直接支撑产品衬垫的表面积。

振荡 随着时间从给定点起所度量的量大小的变化。

峰值加速度 冲击期间所记录的最大幅值。通常用 g's 表示。

周期 振动系统完成一个循环所需的时间。

脉冲衰减时间 冲击脉冲从峰值加速度回到静平衡水平所需的时间。

脉冲上升时间 冲击期间，冲击脉冲从静平衡位置到接近峰值加速度点所需的时间。

共振 在外部激振频率下，质量-弹簧系统最大激励水平。激振频率的任何增加或减少会导致较低的激励水平。

冲击 机械系统一种瞬态、非周期的激励。

冲击机 一种用来产生可控输入冲击而设计的机械装置。

冲击脉冲 一种对能辨识加速度上升和衰减的外部瞬态事件可度量的响应。

简单冲击脉冲 一种显示平滑加速度-时间曲线的冲击脉冲。

复杂冲击脉冲 一种显示标明宽泛频率分量粗糙的冲击脉冲。

冲击响应谱 一种显示受到外部冲击事件时相对于固有频率的单自由度系统最大加速度的图形。

冲击速度 系统内由瞬态、非周期的速度变化而引起的冲击。

单自由度系统 一个连接于一根弹簧上的刚性质量沿单方向运动。

弹簧常数 载荷-位移曲线的斜率，反映了随着重量增加位移的变化。

应变 相对于长度的变形。

应力 相对于面积所度量的力。

传感器 一种能把冲击、振动或其他现象转换成模拟的电信号或机械信号的仪器或装置。

传递率 质量-弹簧系统的最大响应幅值与输入激励之比值。该比值没有单位，也可以代表位移、速度、加速度或力。

速度 物体位移相对于时间变化的速率。它是一个矢量。

速度变化量 在冲击脉冲中，代表输入和回弹冲击速度的绝对值。不同于冲击脉冲期间速度的大小和方向。可通过加速度-时间脉冲的积分计算得到。

振动 物体相对于所选点的周期震荡。

周期振动 等时间间隔的连续振动。

随机振动 在统计意义上，振动具有平均值约为零的变化振幅。

稳态振动 连续的周期振动。

粘弹性 材料或物理系统由于变形可储存或耗散能量。

参 考 文 献

[1] "ASTM D 1596 包装材料动态缓冲特性的标准测试方法 Standard Test Method for Dynamic Shock Cushioning Characteristics of Packaging Material." *ASTM Standards Worldwide*. Vol. 15. 10. N. p.：ASTM International，2009. CD-ROM. Packaging；Flexible Barrier Packaging.

[2] "ASTM D 2221 缓冲包装材料蠕变性标准测试方法 Standard Test Method for Creep Properties of Package Cushioning Materials." *ASTM Standards Worldwide*. Vol. 15. 10. N. p.：ASTM International，2009. CD-ROM. Packaging；Flexible Barrier Packaging.

[3] "ASTM D 3332 利用冲击机的产品机械冲击脆值的标准测试方法 Standard Test Method for Mechanical-shock Fragility of Products Using Shock Machines." *ASTM Standards Worldwide*. Vol. 15. 10. N. p.：ASTM International，2009. CD-ROM. Packaging；Flexible Barrier Packaging.

[4] "ASTM D 3332-99 利用冲击机的产品机械冲击脆值的标准测试方法 Standard Test Methods for Mechanical Shock Fragility of Products Using Shock Machines". *ASTM International*.

[5] "ASTM D 3580 产品振动（垂直正弦运动）试验的标准测试方法 Standard Test Methods for Vibration (Vertical Sinusoidal Motion) Test of Products." *ASTM Standards Worldwide*. Vol. 15. 10. N. p.：ASTM International，2009. CD-ROM. Packaging；Flexible Barrier Packaging.

[6] "ASTM D 4168 现场发泡缓冲材料传递冲击特性的标准测试方法 Standard Test Methods for Transmitted Shock Characteristics of Foam-in-Place Cushioning Materials." *ASTM Standards Worldwide*. Vol. 15. 10. N. p.：ASTM International，2009. CD-ROM. Packaging；Flexible Barrier Packaging.

[7] "ASTM D 4169 运输容器及系统性能测试的标准实施 Standard Practice for Performance Testing of Shipping Containers and Systems." *ASTM Standards Worldwide*. Vol. 15. 10. N. p.：ASTM International，2009. CD-ROM. Packaging；Flexible Barrier Packaging.

[8] "ASTM D 4332 试验用容器、包装件或包装组分处理的标准实施 Standard Practice for Conditioning Containers, Packages, or Packaging Components for Testing". *ASTM International*, West Conshohocken, PA, 2009. Print.

[9] "ASTMD 4728 运输容器随机振动试验的标准测试方法 Standard Test Method for Random Vibration Testing of Shipping Containers." *ASTM Standards Worldwide*. Vol. 15. 10. N. p.：ASTM International，2009. CD-ROM. Packaging；Flexible Barrier Packaging.

[10] "ASTMD 5276 装货容器自由落体跌落试验的标准测试方法 Standard Test Method for Drop Test of Loaded Containers by Free Fall." *ASTM Standards Worldwide*. Vol. 15. 10. N. p.：ASTM International，2009. CD-ROM. Packaging；Flexible Barrier Packaging.

[11] "ASTM D 6198 运输包装设计标准指南 Standard Guide for Transport Packaging Design." *ASTM Standards Worldwide*. Vol. 15. 10. N. p.：ASTM International，2009. CD-ROM. Packaging；Flexible Barrier Packaging.

[12] "ASTM D 999 运输容器振动测试方法 Methods of Vibration Testing of Shipping

Containers." *ASTM Standards Worldwide*. Vol. 15. 10. N. p.：ASTM International，2009. CD-ROM. Packaging；Flexible Barrier Packaging.

[13] "ASTM D-6198 运输包装设计标准指南 Standard Guide for Transport Package Design". *ASTM International*. West Conshohocken，PA，2007.

[14] "ASTM D-642 确定运输容器、组分和集装件抗压强度的标准测试方法 Standard Test Method for Determining Compressive Resistance of Shipping Containers，Components，and Unit Loads". *ASTM Standards Worldwide*. Vol. 15. 10. N. p.：ASTM International，2009. CD-ROM. Packaging；Flexible Barrier Packaging.

[15] ABF Freight System，动态视频货运脚本 Script for *Freight in Motion* Video，ABF，2008.

[16] Advisory Committee on Packaging（UK），透视包装 Packagingin Perspective，ACP，London，2008，p 23. Alexandria VA 22314. June 1999.

[17] ASTM，ASTM 包装标准选编 *Selected ASTM Standards on Packaging*. Philadelphia，PA：American Society for Testing and Materials，1984. Print.

[18] Batz，D.，and D. Young. "包装件越轻，跌落越高及其他包装神话 The Lighter the Package，the Higher the Drop and Other Packaging Myths." Proceedings of Dimensions 06，ISTA，East Lansing，MI，2006.

[19] 波音飞机舱空气系统 Boeing Aircraft，Cabin Air Systems，Boeing website. http：//www. boeing. com/commercial/cabinair/

[20] Brandenburg，R.，and J. Lee. 包装动力学基础 *Fundamentals of Packaging Dynamics*.

[21] N. p.：实验室设备 LAB Equipment，Inc.，2001. Print.

[22] Burgess，Gary. "缓冲曲线的合并 Consolidation of Cushion Curves." *Packaging Technology and Science* 3. 4（1990）：189-194. Print.

—"褶皱泡沫的缓冲性能 Cushioning Properties of Convoluted Foam." *Packaging Science and Technology* 12. 3（1999）：101-104. Print. 238 *References*.

—"疲劳测试的影响和破损边界曲线 Effect of Fatigue Testing and the Damage Boundary Curve." *Journal of Testing and Evaluation* 24. 6（1996）：419-426. Print.

—"由一个冲击脉冲生成缓冲曲线 Generation of Cushion Curves from One Shock Pulse." *Packaging Technology and Science* 7. 4（1994）：169-173. Print.

—"PKG805 高等包装动力学 Advanced Packaging Dynamics." School of Packaging，Michigan State University. 1994. Print.

—"产品脆值和破损边界理论 Product Fragility and Damage Boundary Theory." *Packaging Technology and Science* 1. 1（1988）：5-10. Print.

[23] CDOT，Eisenhower 隧道说明 Eisenhower Tunnel Description，CDT website. http：//www. coloradodot. info/travel/eisenhower-tunnel/description. html.

[24] Clarke，John，Pallets 101：工业概述和木材、塑料、纸及金属 Industry Overview and Wood，Plastic，Paper & Metal，Proceedings of Dimensions. 04，International Safe Transit Association，2004.

[25] Crampton，N. J.，防止源头浪费 Preventing Waste at the Source，CRC Press，1998.

[26] Curtis，A.，Tinling，N.，and Abstein,，Jr.，1971，"振动测试的选择和性能 Selection

and Performance of Vibration Tests", The Shock and Vibration Information Analysis Center, 1971.

[27] Daum, Matthew. "疲劳模型与冲击响应谱算法结合 Combining a Fatigue Model with a Shock Response Spectrum Algorithm." *Journal of Testing and Evaluation* (Sept. 2004): n. pag. Print.

[28] —"冲击响应谱与疲劳破损：产品脆值测试的新方法 Shock Response Spectrum and Fatigue Damage: A New Approach to Product Fragility Testing." Diss. Michigan State University, 1999. Print.

[29] —"冲击响应谱与疲劳破损：产品脆值测试的新方法 Shock Response Spectrum and Fatigue Damage: A New Approach to Product Fragility Testing." Dimensions. 01. Proc. of Dimensions. 01 International Conference on Transport Packaging, Feb. 2001, Orlando, FL. N. p.: n. p., n. d. N. pag. Print.

[30] —"确定缓冲曲线的简化过程：应力-能量法 A Simplified Process for Determining Cushion Curves: The Stress-energy Method." *Dimensions*. 06. Proc. of... Dimensions. 06, March 2006, Orlando, FL. N. p.: n. p., n. d. N. pag. Print.

[31] Dunno, K., and G. Batt, "双引擎涡轮螺旋桨飞机飞行振动的分析 Analysis of In-flight Vibration of a Twin-Engine Turbo Propeller Aircraft." Packag. Technol. Sci 2009; 22: 479-485.

[32] 流行文化百科全书 Encyclopedia of POP Culture, by Jane and Michael Stern. Harper Perennial, Press 1992.

[33] Endevco，冲击记录仪 Impact Recorders (reprinted, unattributed), Endevco Corporation, San Juan Capistrano, CA, c 1968.

[34] Endevco，选择正确加速度计的步骤—TP327 Steps to selecting the right accelerometer—TP327, Endevco Corporation, San Juan Capistrano, CA, 2009

[35] Fibre Box Association，纤维箱手册 Fibre Box Handbook, 22nd Edition, FBA, Rolling Meadows, IL 2005.

[36] "File：易碎铝 320MPA *S-N* 曲线 Brittle Aluminium320MPA *S-N* Curve.jpg—Wikipedia, the free encyclopedia." Wikipedia, the free encyclopedia. N. p., n. d. Web. http://en.wikipedia.org/wiki/File: Brittle Aluminium 320 MPA_ S-N_ Curve.jpg

[37] Garcia-Romeu-Martinez, M. A., M. A. Sek and V. A. Cloquell-Ballester. "瓦楞纸板衬垫的初始压力对重复碰撞的冲击衰减特性的影响 Effect of Initial Pre-Compression of Corrugated Paperboard Cushions on Shock Attenuation Characteristicsin Repetitive Impacts." *Packaging Technology and Science* 22.6 (2009): 323-334. Print.

[38] Ge, C., D. Goodwin, and D. Young. "利用 C-e 对的研发传统缓冲曲线和缓冲规范 Using the C-e Pairs to Develop Conventional Cushion Curves and Cushioning Specifications." *Applied Packaging Research* 2.1 (2007): n. pag. Print.

[39] Goodwin, D, D. Young, R. Rao and P. Ashkan, "夜间流通环境中运输容器方位比较 Comparison of Shipping Container Orientationsin the Overnight Distribution Environment," *IAPRI 16th World Conference*, Poster Session 1, Bangkok, 2008.

[40] Goodwin, Daniel, and Dennis Young. "冲击响应谱:产品与包装测试的分析工具 Shock Response Spectrum: Analysis Tool for Product and Package Testing." *TEST Engineering and Management* Oct. -Nov. 1992: 20-24. Print.

[41] Goodwin, Daniel. "疲劳破损边界:在非线性零件中利用梯形冲击脉冲产生破损的应用 Fatigue Damage Boundary: An Application Using Trapezoidal Shock Pulses to Generate Damage in Non-linear Components." Proc. of 21st IAPRI Symposium on Packaging, May 2003, Valencia, Spain. N. p.: n. p., n. d. N. pag. Print.

[42] Guo, Yangeng, and Jinghui Zhang. "蜂窝纸板冲击振动特性与振动传递率 Shock and Vibration Characteristics and Vibration Transmissibility of Honeycomb Paperboard." *Shock and Vibration* 11. 5-6 (2004): 521-531. Print.

[43] Harman, C., and M. Pickel, "多轴振动减小测试时间 Multi-axis Vibration Reduces Test Time", *Evaluation Engineering*, June 2006.

[44] Harris, C. 冲击与振动手册 *Shock and Vibration Handbook*. 3rd ed. New York, NY: McGraw-Hill, 1988. Print.

[45] Henderson, George. "用于运输工程的冲击与振动分析高级技术 Advanced Techniques for Shock and Vibration Analysis as Applied to Distribution Engineering." *IoPP*. Proc. Of IoPP Conference on Distribution Packaging and Handling, Feb. 1992, Orlando, FL. N. p.: n. p., n. d. N. pag. Print.

[46] ISO 11607-1/2: 2006. 最终灭菌医疗器械包装 Packaging for terminally sterilized medical devices, International Organization for Standardization, Geneva ISO 6780: Pallets for Materials Handling—Principal Dimensions for Flat Pallets. 2001.

[47] ISTA 温度项目—数据汇总 ISTA Temperature Project—Data Summary, ISTA, East Lansing, MI, 2002

[48] ISTA, 2008 资料手册 2008 *Resource Book*. East Lansing, MI: International Safe Transit Association, 2008. Print.

[49] ISTA, 选择和使用 ISTA 程序和项目指南 Guidelines for Selecting and Using ISTA Procedures and Projects, East Lansing, MI., International Safe Transit Association, 2009. Print.

[50] ISTA, 程序 2A—包装产品 150 lbf (68kgf) 以下 Procedure 2A—*Packaging Products* 150*lbs*. (68kgf) *or Less*, ISTA, East Lansing, MI 2009. Print

[51] Kipp, William. "包装产品的随机振动测试:方法改进的注意事项 Random Vibration Testing of Packaged Products: Considerations for Methodology Improvement." International Safe Transit Association. 2008. Print.

[52] Kipp, William. "简化功率谱,冲击响应分析 Simplifying Power Spectral, Shock Response Analysis." *Packaging Technology and Engineering* May 1999: 22-25. Print.

[53] Lalanne, Christian, 机械振动与冲击:疲劳破损 Mechanical Vibration & Shock: Fatigue damage, volume IV, CRC Press, 2002, ISBN: 9781560329893

[54] Lansmont, SAVER 9X30 用户指南 SAVER 9X30 User's Guide, Lansmont Corporation, Monterey, CA, 2006

[55] Laufenberg, T. L., 在工作湿度环境中纸板、组合板和容器性能的表征 *Characterization of Paperboard, Combined Board, and Container Performance in the Service Moisture Environment*, Proceedings of 1991 International Paper Physics Conference, TAPPI, 1991.

[56] Mangun, Jean C. and John E. Phelps. 美国木托盘行业概况 A Survey of the Wood Pallet Industry in the US, 2001.

[57] Marcondes, Jorge. "纸浆模用于电子及硬件产品的保护性包装 Using Molded Pulp for Protective Packaging of Electronics and Hardware Products." *Packaging Beyond* 2000. Proc. of 10th IAPRI World Conference on Packaging, 24-27 March 1997, Melbourne, Australia. Melbourne, Australia: Centre for Packaging, Transportation and Storage, 1997. 515-522. Print.

[58] McKee, R. C., J. W. Gander, and J. R. Wachuta, Paperboard Packaging, "瓦楞箱抗压强度公式 Compression Strength Formula for Corrugated Boxes" 48 (8): 149-159 (1963).

[59] McKinlay, Alfred. 运输包装 *Transport Packaging*. 2nd Edition. Naperville, IL: Institute of Packaging Professionals, 2004. Print.

[60] MD Attachments website, http://modoo.cfdl.ca/page/Carton+Clamp/

[61] Mills, N J, and Y Masso-Moreu. "包装件跌落测试中用于 PE 泡沫垫的有限元分析 Finite Element Analysis (FEA) Applied to Polyethylene Foam Cushionsin Package Drop Tests: Research from the University of Birmingham, UK." *Packaging Science and Technology* 18.1 (2005): 29-38. Print.

[62] Mindlin, Raymond D. 缓冲包装动力学 *Dynamics of Package Cushioning*. Short Hills, NJ: Bell Telephone System Technical Publications, 1945. Print. B-1369.

[63] Minett, Mervin, and Michael Sek. "瓦楞纤维衬垫内气流的意义 The Significance of Air Flow Within Corrugated Fibreboard Cushion Pads." *WorldPak* 2002, *Volume* 2. Proc. of 13th IAPRI World Conference on Packaging, 23-28 June 2002, Michigan State University. East Lansing, Michigan, USA: CRC Press, 2002. 788-796. Print.

[64] Mustin, Gordon. 衬垫设计的理论与实践 *Theory and Practice of Cushion Design*. Washington, DC: U. S. Department of Defense, 1968. Print.

[65] Newton, R. E., "脆值评估理论与测试程序 Fragility Assessment Theory and Test Procedure" Technical Report, Monterey Research Labs, 1968 (available from Lansmont Corporation, Monterey, CA).

[66] Newton, Robert. 脆值评估:理论与测试程序 *Fragility Assessment: Theory and Test Procedure*. N. p.: Monterey Research Laboratory, Inc., Monterey, CA, 1968. Print.

[67] Noble Distribution East website, http://www.nobledistributioneast.com/.

[68] Ostrem, F. and D. Godshall, 通用承运商运输环境的评估:一般技术报告 FPL 22 An Assessment of the Common Carrier Shipping Environment: General Technical Report FPL 22, Forest Products Laboratory, Forest Service, U. S. Department of Agriculture, Madison, Wis., 1979

[69] Ostrem, F. E. and W. D. Godshall. 通用承运商运输环境的评估 *An Assessment of the Common Carrier Shipping Environment*. US Department of Agriculture, Madison, WI: Forest

Products Laboratories, 1979. Print.

[70] 托盘报告 Pallet Talk, National Wooden Pallet & Container Association, 329 South Patrick Street, Southern Illinois University Carbondale, January 2002.

[71] Pennington, Dale. 基本的冲击与振动理论 *Basic Shock and Vibration Theory*. San Juan Capistrano, CA: Endevco Corporation, 1966. Print. TP 219.

[72] Pierce, S., and D. Young, 在零担卡车装载运输中的包装件搬运: 具体模拟测量和测试研发 Package Handling in Less-Than-Truckload Shipments: Focused Simulation Measurement and Test Development, Proceedings of TransPack96, IoPP, Naperville, IL.

[73] Pierce, S., and D. Young, 在零担卡车装载运输中的包装件搬运: 具体模拟测量和测试研发 Package Handling in Less-Than-Truckload Shipments: Focused Simulation Measurement and Test Development, Proceedings of TransPack96, IoPP, Herndon, VA, 1996.

[74] "产品脆值测试 Product Fragility Testing." Dimensions. 01. Proc. of Dimensions. 01 International Conference on Transport Packaging, Feb. 2001, Orlando, FL. N. p.: n. p., n. d. N. pag. Print.

[75] Ritter, Susan, 有多热?多湿?多高?: 在小邮包流通环境中包装件曝露于温度、湿度和压力的测量 *How Hot? How Wet? How High?: Measurement of exposure of packages to temperature, humidity and pressure in the small parcel distribution environment*, Proceedings of Dimensions. 01, ISTA, East Lansing, MI 2001. Print.

[76] Root, Dale. "Lansmont 缓冲包装研发六步法 Lansmont Six Step Method for Cushioned Package Development." *Lansmont.com*. Lansmont Corporation, Apr. 1997. Web. 5 Oct. 2009. ttp: //lansmont. com//.

[77] Rouillard, V., 计算机控制的随机波发生器 A computer controlled random wave generator, Thesis (M. Eng.) —Footscray Institute of Technology, Victoria University of Technology, Melbourne, 1991.

[78] Rouillard, Vincent, and Robert Richmond. "分析和模拟轨道车冲击与振动的一种新颖方法 A Novel Approach to Analyzing and Simulating Railcar Shock and Vibration." *Packaging Technology and Science* (2007): n. pag. Print.

[79] Rouillard, Vincent. "分解非平稳随机振动数据成高斯单元 Decomposing Non-stationary Random Vibration Data into Gaussian Elements." *Dimensions*. 07. Proc. of Dimensions. 07 Forum, March 2007, Orlando, FL. N. p.: n. p., n. d. N. pag. Print.

[80] Schueneman, H. H., "包装工程、设计和测试 Package Engineering, Design and Testing." Westpak, Inc. San Jose, CA, 1996. Web. 5 October 2009. www. wwestpak. com.

[81] Sealed Air Corporation, 2000 型充气包装系统 Fill-Air 2000 Inflatable Packaging System, SAC, Fairlawn, NJ, 2008.

[82] Sek, Michael. "提高纸板皱折衬垫的缓冲性能 Enhancement of Cushioning Performance with Paperboard Crumple Inserts." Packaging Technology and Science 18. 5 (2005): 273-278. Print.

[83] Selke, S. E. M., J. D. Culter, and R. J. Hernandez, 塑料包装: 性能、加工、应用和法规 Plastics Packaging: Properties, Processing, Applications and Regulations, Hanser

[84] Signode, Signode Tenax 聚酯捆扎材料 Signode Tenax Polyester Strapping Material, Glenview, IL, 2009.

[85] Singh, J, S P Singh, and E Joneson. "美国钢板弹簧和空气悬架卡车振动的测量和分析以及测试研发 Measurement and Analysis of US Truck Vibration for Leaf Spring and Air Ride Suspensions and Development of Tests." *Packaging Technology and Science* 19（2006）: n. pag. Print.

[86] Singh, J, S. P. Singh, G. Burgess and K. Saha, 邮包运输冲击的测量、分析和比较以及美国商用运输邮件服务公司的跌落环境 Measurement, Analysis, and Comparison of the Parcel Shipping Shock and Drop Environment of the United States Postal Service with Commercial Carriers, JOTE v 35, I 4, July 2007.

[87] Singh, S. P., and Cheema, A., FedEx 和 UPS 夜间小包装件运输环境的测量和分析 Measurement and analysis of the overnight small package shipping environment for Federal Express and United Parcel Service, Journal of Testing and Evaluation, 1996, vol. 24, no4, pp. 205-211, ASTM, West Conshohocken, PA.

[88] Singh, S. P., J. R., Antle and G. G. Burgess, 商用卡车运输中横向、纵向和垂直振动水平的比较 Comparison between Lateral, Longitudinal and Vertical Vibration Levels in Commercial Truck Shipments, *Packaging technology and Science*, v 5, pp 71-75, 1992.

[89] Singh, S., J. Singh, J. Stallings, G. Burgess, and K Saha, "在高海拔空运中温度和压力的测量和分析 Measurement and Analysis of Temperature and Pressure in High Altitude Air Shipments", *Packag. Technol. Sci.* 2010; 23: 35-46. Sustainable Packaging Council, Definition of Sustainable Packaging, v 2.0, SPC, Charlottesville, VA, 2009.

[90] TMI, 纸箱压力测试仪 Box Compression Tester 22kN, TMI, Ronkonkoma, NY.

[91] Twede, D. and Selke, S., 纸盒、周转箱和瓦楞板 Cartons, Crates and Corrugated Board: Handbook of Paper and Wood Packaging, DEStech Publications, Lancaster, PA, 2005.

[92] United States. 美国国防部手册 缓冲包装设计 MIL-HDBK-304C US Department of Defense Handbook. *Package Cushion Design MIL-HDBK-304C.* 1 June 1997. Print.

[93] Van Baren, John. "峰度-丢失的仪表盘旋钮 Kurtosis-Themissing Dashboard Knob." *TEST Engineering and Management* Oct. -Nov. 2005: n. pag. Print.

[94] Wallin, B. "研发随机振动曲线 Developing a Random Vibration Profile." *ISTA Preshipment Testing Newsletter* 4th Quarter 2007: 1, 20-24. Print.

[95] Washington Post, 上周是否记录低露点？ Record Low Dew Point Last Week?, Washington Post website, July 21, 2009.

[96] Wikimedia Commons, commons. wikipedia. org.

[97] Lu, L.-X., and Wang, Z.-W., 苹果的跌落损伤脆值和损伤边界 Dropping bruise fragility and bruise boundary of apple fruit, Transactions of the ASABE, 2007, vol. 50, no4, pp. 1323-1329 [7 page（s）（article）]（1/2 p.）, American Society of Agricultural Engineers, St. Joseph, MI, ETATS-UNIS（2006）（Revue）.

[98] Yonggang, K, H Keqin and X Liyan. "纸浆模包装产品的缓冲性能 Cushioning Properties

of Pulp Molded Packaging Product." *Packaging Beyond* 2000. Proc. of 10th IAPRI World conference on Packaging, 24-27 March 1997, Melbourne, Australia. Melbourne, Australia: Centre for Packaging, Transportation and Storage, 1997. 277-284. Print.

[99] Young, D. and C. Pierce, "研发包装振动试验: 现场—实验室技术 Developing Package Vibration Tests: the Field-to-Lab Technique", *TEST Engineering and Management*, San Francisco, Oct/Nov 1993.

[100] Young, D. and S. Pierce, 产品保护性系统的研发 Development of a Product Protection System, Shock and Vibration Bulletin 42—Part 1, Shock and Vibration Information Center (DOD), Washington, DC, January 1972.

[101] Young, D. and T. Baird. "中国项目 The China Project," Proceedings of Dimensions 04, ISTA, East Lansing, MI, 2006.

[102] Young, D. E., ISTA 温度项目—数据汇总 ISTA Temperature Project—Data Summary, ISTA, East Lansing, MI, 2002.

[103] Young, D., 现场—实验室 Field-To-Lab, Proceedings of Pira Transit Packaging Conference, Pira International, Leatherhead, Surrey, UK, 1993.

[104] Young, D., R. Gordon and B. Cook, 量化小邮包系统的振动环境 Quantifying the Vibration Environment of a Small Parcel System, Proceedings of TransPack97, IoPP, Herndon, VA, 1998.

[105] Young, Dennis, "运输包装研发和评估 Distribution Packaging Development and Evaluation." AIDIMA-RIT Training Course, December 2005, Valencia, Spain.

[106] Zitzewitz, Paul & Neff, Robert. 物理 Physics. New York: Glencoe/McGraw-Hill, 1995.

作者简介

古德温（Goodwin）博士在美国密西根州立大学（MSU）获得包装的本科和硕士学位、农业工程技术的博士学位。在美国、澳大利亚和欧洲的大学里讲授包装课程超过 30 年。

古德温教授的专业领域包括运输包装、冲击与振动测试、包装经济学和环保问题。他为各种各样的工业项目提供咨询，特邀为许多专业和教育组织作演讲。目前，担任罗切斯特理工大学包装科学专业的研究主任。

丹尼斯·杨是美国密西根州立大学 1968 年的包装本科毕业生，罗切斯特理工大学 2008 年的服务管理硕士毕业生。他有着 40 多年的职业生涯，包括在 IBM 公司、Lansmont 公司以及丹尼斯·杨合作公司任职，自己还做包装咨询工作。丹尼斯·杨先生在罗切斯特理工大学包装科学系从事全日制教学工作，目前在 MSU 包装学院任职。多年来，他在世界各地作了许多演讲，举办了多场研讨会；写了许多包装领域的学术论文，重点研究方向为运输包装、流通危害性测量和包装研发与测试。

作为一名认证包装专业人员（CPP）和包装专业技术人员（IoPP）研究所研究员，丹尼斯·杨先生现在是 ASTM D-10 包装委员会成员，也曾是负责标准 D-4169 任务组创始成员之一。他担任国际安全运输组织（ISTA）的技术主任、董事会成员兼副总裁，是 ISTA 的 R. David LeButt 包装教育优秀奖获得者。他也是 MSU 包装校友会终身会员，曾在董事会任职，被推选为 1992 年度学院包装校友。丹尼斯·杨先生于 2009 年入选包装名人堂